普通高等教育"十二五"规划教材（高职高专教育）

电子产品安装与调试基本技能训练

主　编　阎　瑞

副主编　何　萍

编　写　李俊仕　张　鸿

主　审　胡晓莉　李秀峰

中国电力出版社
CHINA ELECTRIC POWER PRESS

内 容 提 要

本书为普通高等教育"十二五"规划教材（高职高专教育）。

本书是以高等职业技术电子、电工类专业人才生产一线的技术岗位要求为原则，以电子产品安装与调试职业能力为主线，从电气类专业岗位必须掌握的基本技能出发编写的，共设五个训练项目，涵盖了电子产品安装调试工作岗位必须掌握的基本技能训练内容，使学生获得专业岗位所必备的电子技术基本知识、基本技能。本书注重培养和提高学生实际动手能力和分析、解决工程实际问题的能力。

本书可作为高职高专院校电气自动化技术、机电一体化技术、应用电子技术及相关专业学生的基础性技能实训教材，也可作为相关专业工程技术人员的参考用书。

图书在版编目（CIP）数据

电子产品安装与调试基本技能训练 / 阎瑞主编. —北京：中国电力出版社，2013.4（2020.9 重印）

普通高等教育"十二五"规划教材. 高职高专教育

ISBN 978-7-5123-4222-4

Ⅰ. ①电… Ⅱ. ①阎… Ⅲ. ①电子工业－产品－安装－高等职业教育－教材 ②电子工业－产品－调试方法－高等职业教育－教材 Ⅳ. ①TN05 ②TN06

中国版本图书馆 CIP 数据核字（2013）第 058058 号

中国电力出版社出版、发行

（北京市东城区北京站西街 19 号　100005　http://www.cepp.sgcc.com.cn）

北京雁林吉兆印刷有限公司印刷

各地新华书店经售

*

2013 年 4 月第一版　2020 年 9 月北京第五次印刷

787 毫米×1092 毫米　16 开本　12.5 印张　302 千字

定价 **23.00** 元

前　言

　　本教材的编写原则是以高等职业技术电子、电工类专业人才生产一线的技术岗位要求，以电子产品安装与调试职业能力为主线，从电气类专业岗位必须掌握的基本技能出发，通过对手工锡焊操作技能训练、工业锡焊工艺与设备的了解，常用电子元器件认识与检测，常规仪器仪表使用，电子产品安装与调试工艺过程了解，电子产品整机装配等基本技能训练，使学生获得专业岗位所必备的电子技术基本知识、基本技能。培养和提高学生分析问题、解决问题的能力。

　　动手实操能力的提高，只有通过实践性教学活动才能实现，基本技能的掌握只有靠实践操作才能变为现实。本书在每个项目训练编排上按照学、练、考三个环节进行，学是指在指导教师讲解演示下的学习；练是指在指导教师示范下的实操训练；考是指学生在学、练基础上的理论或实操考核。

　　本教材编写构架设计按照循序渐进的原则进行，符合学生心理特征和认知、技能养成规律。从手工锡焊操作基本技能训练开始，到常用电子元器件认知（包括外形特征、技术参数、简单测试、使用要点等方面），从电子产品安装、调试到故障判断与维修的整个工艺过程，以及在这个过程期间仪器仪表使用方法的掌握。本教材共设5个训练项目，涵盖了电子产品安装调试工作岗位必须掌握的基本技能。前3个训练项目在内容编排上相对独立，对专业基础课的依赖性不强，可安排在第一学期进行；而训练项目4和训练项目5是包括理论教学和前3个训练项目内容的综合体现，可安排在第二学期后期（最好是在电子产品安装与调试理论课结束后）进行。各使用单位也可根据自身特点合理安排教学内容。

　　本书由包头职业技术学院组织编写，阎瑞担任主编，何萍担任副主编，李俊仕、张鸿参加了编写工作。其中训练项目4、训练项目5、训练项目2中的实训作业与实训考核课题及附录由阎瑞编写；训练项目1和训练项目3由何萍编写；训练项目2中的任务1和任务2由李俊仕编写；训练项目2中的任务3、任务4、任务5由张鸿老师编写。

　　本书在编写过程中，内蒙古科技大学信息工程学院副教授胡晓莉和内蒙古第一机械制造集团宏远电器有限公司高级工程师李秀峰参与了课程建设、编写框架构建，并对本书文稿进行了审核，提出了宝贵的修改意见及建议，在此表示感谢。

　　由于编者水平有限，加之时间仓促，书中难免存在不妥与疏漏之处，敬请广大读者批评指正。

编　者

2013 年 3 月

目　录

前言

训练项目1　锡焊技术 ·· 1
　　任务1.1　手工锡焊工具的使用 ···································· 1
　　任务1.2　焊料、助焊剂的使用 ···································· 9
　　任务1.3　手工锡焊操作 ·· 13
　　任务1.4　工业生产自动化焊接认识 ································ 25
　　项目小结 ·· 30
　　项目训练（手工锡焊实操训练） ·································· 31
　　项目考核 ·· 32
训练项目2　常用电子元器件认知 ···································· 33
　　任务2.1　电阻器与电位器的认知 ·································· 33
　　任务2.2　电容器的认知 ·· 57
　　任务2.3　电感线圈与变压器 ······································ 72
　　任务2.4　半导体器件的认知 ······································ 87
　　任务2.5　表面组装元器件的认知 ·································· 103
　　项目小结 ·· 109
　　项目训练 ·· 110
　　项目考核 ·· 113
训练项目3　常用仪器仪表使用 ······································ 116
　　任务3.1　万用表的使用 ·· 116
　　任务3.2　示波器的使用 ·· 121
　　项目小结 ·· 135
　　项目训练 ·· 135
训练项目4　电子产品安装与调试工艺 ································ 136
　　任务4.1　电子产品装配工艺 ······································ 136
　　任务4.2　电子电路、电子产品安装准备 ···························· 141
　　项目小结 ·· 148
　　项目训练 ·· 149
训练项目5　电子产品安装与调试实践 ································ 150
　　任务5.1　直流可调稳压电源 ······································ 150
　　任务5.2　MF47型指针式万用表制作 ································ 153
　　任务5.3　声光控延时开关 ·· 162

任务 5.4　手机电池充电器制作 ·· 166

任务 5.5　调幅超外差收音机 ··· 170

任务 5.6　分立式 OCL 功放电路制作 ··· 177

附录 1　国内外常用二极管的主要参数 ·· 182

附录 2　部分国内外常用晶体三极管的技术参数 ·· 190

附录 3　部分常用场效应管技术参数 ··· 191

参考文献 ·· 193

训练项目 1 锡 焊 技 术

焊接和元器件装配是电子、电气产品生产及其维修中的重要技术和工艺。它在电子、电气产品生产过程中应用十分广泛。焊接和装配质量的好坏，直接影响产品质量。作为一名在生产一线从事电气技术的工程技术人员，不但要掌握焊接和装配工艺基本知识，更需掌握熟练的焊接和装配的操作技能。只有这样，才能从事电气产品中电子线路的安装、调试、维修及其电气产品技术改造等技术工作。

任务 1.1 手工锡焊工具的使用

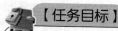【任务目标】

- 了解手工锡焊工具的种类
- 掌握电烙铁的使用方法
- 掌握电烙铁常见故障的判断及维修方法

手工锡焊是焊接技术的基础，也是电子产品组装的一项基本操作技能。在目前，虽然在电子产品规模生产中普遍采用工业焊接设备来实施焊接，但还没有哪一种焊接方法可以完全代替手工焊接，因此在电子产品组装过程中这种方法仍占有重要地位。

1.1.1 手工锡焊工具的种类

电烙铁是手工焊接的基本工具。它具有使用灵活、容易掌握、操作方便、适用性强、焊点质量易于控制等优点。电烙铁根据使用场合、焊点大小、焊接种类等不同也具有不同的种类。常用的电烙铁分为外热式和内热式两种。内热式电烙铁发热心在烙铁头的里面，这种电烙铁加热快且重量轻；外热式电烙铁的发热心为环状空心管固定在烙铁头外面，加热稍慢，相对比较牢固，使用寿命稍长，但体积和重量稍大。

1. 外热式电烙铁

外热式电烙铁结构如图 1-1 所示。它由烙铁头、烙铁心、外壳、手柄、电源引线、插头等部分组成。这种电烙铁烙铁头安装在烙铁心内，故称为外热式电烙铁。

烙铁芯是电烙铁的关键部件，它是将电热丝平行地绕制在一根空心瓷管上，中间由云母片绝缘，电热丝的两头与两根交流电源线连接。

烙铁头由紫铜材料制成，其作用是贮存热量和传导热量，它的温度比被焊物体的温度要高得多。烙铁的温度与烙铁头的体积、形状、长短等均有一定关系。若烙铁头的体积较大，则保持温度的时间较长。

外热式的电烙铁规格很多，常用的有 30、35、50、75、100W 等。功率越大烙铁头的温度越高。烙铁心的功率规格不同，其内阻亦不同。25W 的阻值约为 2kΩ，45W 的阻值约为 1kΩ，75W 的阻值约为 0.6kΩ，100W 的阻值约为 0.5kΩ。

2. 内热式电烙铁

内热式电烙铁结构如图 1-2 所示。它由手柄、手柄连接杆、弹簧夹、烙铁心、烙铁头组成。因它的烙铁心安装在烙铁头内，故称为内热式电烙铁。这种烙铁有发热快、热利用率高等优点。

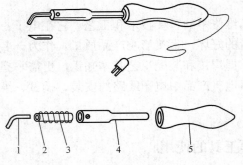 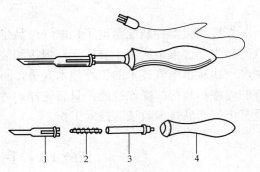

图 1-1　外热式电烙铁　　　　　　　　图 1-2　内热式电烙铁

1—烙铁头；2—传热筒；3—加热丝；　　　　1—烙铁头；2—烙铁芯；3—手柄连接杆；4—手柄

4—支架外壳；5—手柄

内热式电烙铁的常用规格有 20、25、35、50W 等几种。它的热利用率高，20W 内热式电烙铁就相当于 40W 左右的外热式电烙铁的热利用率。

内热式电烙铁的后端是空心的，与连接杆套接。为使烙铁头与手柄连接杆紧密连接，烙铁头上用一个弹簧夹固定。如需更换烙铁头时，必须先将弹簧夹退出，同时用钳子夹住烙铁头的前端，慢慢拔出。切不能用力过猛，以免损坏连接杆。

内热式电烙铁的烙铁心是用较细的镍铬电阻丝绕在瓷管上制成的。20W 的内阻值约为 2.5kΩ。烙铁温度一般可达 350℃左右。

由于内热式电烙铁具有升温快、质量轻、耗电省、体积小、热效率高的特点，因而得到普遍应用。

3. 其他烙铁

（1）恒温电烙铁。在焊接温度不宜过高、焊接时间不宜过长的元器件时，应选用恒温电烙铁，但它的价格较高。目前使用的恒温烙铁有多种，早期的恒温烙铁是在烙铁头内装有磁铁式的温度控制器，由它来控制通电时间，实现恒温的目的。当烙铁通电时、烙铁温度上升，当达到预定温度时，烙铁头内的强磁体传感器达到居里点而磁性消失，从而使磁心开关触点断开，烙铁头加热器断电。当温度低于强磁体传感器居里点时，强磁体便恢复磁性，并吸动磁心开关中的永久磁铁，使控制开关的触点接通，继续向电烙铁供电。如此循环往复，达到控制温度的目的。其结构和恒温控制原理如图 1-3 所示。

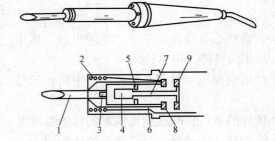

图 1-3　恒温电烙铁的外形和结构

1—烙铁头；2—加热器；3—软磁金属块；

4—永久磁铁；5—支架；6—磁性开关；

7—小轴；8—接点；9—接触弹片

再有就是目前被广泛使用的温度可调的恒温焊台，它具有功能先进，加热温度可调且温度波动范围小、防静电等优点，如图 1-4 所示。其功能特点如下。

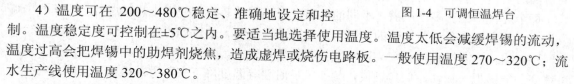

1）整部焊台采用导电性材料制成，专为防止静电和清洁室内环境而设计。

2）发热心采用 50W 四心陶瓷发热心，寿命长。

3）发热体使用低压（24VAC）交流源供电，发热体用的主电源完全和电网隔离。保证了防静电、无漏电、无干扰。

4）温度可在 200～480℃稳定、准确地设定和控

图 1-4 可调恒温焊台

制。温度稳定度可控制在±5℃之内。要适当地选择使用温度。温度太低会减缓焊锡的流动，温度过高会把焊锡中的助焊剂烧焦，造成虚焊或烧伤电路板。一般使用温度 270～320℃；流水生产线使用温度 320～380℃。

为了保证使用功能正常，延长使用寿命，因此恒温焊台在使用中应注意以下几点。

1）关机停用前一定在烙铁头沾锡面加适当量的锡，以保证下次加温期间烙铁头不被氧化。

2）不要让烙铁头长时间停留在过高温度，避免使烙铁头表面电镀层龟裂。

3）在焊接时，不要给烙铁头加以太大的压力摩擦焊点，这样做并不会增大导热性能，反而会使烙铁头受损。

4）由于控温焊台使用的烙铁头是合金材料，绝对不要用粗糙的材料或锉刀清理烙铁头。如果表面已氧化不沾锡，则视需要可以用粒度为 100 号金钢砂纸小心摩擦并用乙丙醇或性能相近的溶液进行清理，加温到 200℃立即粘锡以防止再次氧化。

5）不要使用含氯或酸过高的助焊剂。仅使用合成树脂或已活性化的树脂的助焊剂。

现在市场上又出现一种电子调温式电烙铁，它是用热敏元件特性来实现调温的，调温烙铁功率较大，一般为 40～60W，由于温度范围在 100～400℃内可调，所以能满足各种大小元件的焊接需要。另外调温烙铁大多附有接地线，使烙铁有良好的接地性能，可消除静电，防止损害元件，非常适合维修手机、计算机主板、音响等精密焊接工作。该电烙铁外形如图 1-5 所示。

图 1-5 一种新型恒温烙铁

（2）手动焊锡枪。在手工锡焊操作中，往往需要一手拿烙铁另一只手拿焊锡来进行焊接操作，如果还需用手来做其他动作，就显得力不从心。而手动焊锡枪是把烙铁加热和焊料供给做成整体，用一只手便操作自如。手动焊锡枪的性能特点是采用轻巧型机构设计，工作更轻松；烙铁头、发热心容易更换，操作简单，容易完成焊接作业。额定焊锡丝使用直径为 0.8～2.3mm，额定使用功率为 30、40、60W，出锡口规格为 0.8～2.3mm。

手动焊锡枪主要应用于导线焊接、电子元件焊接、电子线路板焊接、电子电器维修等场

合。使用锡枪时要注意以下几点。

1）在工作时，烙铁嘴和烙铁管的温度高达 400℃ 以上，严禁人体触摸以免灼伤。

2）手焊枪停止使用时，请将它放在它的支架上。

3）工作完成后，关闭电源等完全冷却后才能保存放置。

手动焊锡枪结构与外形如图 1-6 所示。

（3）恒温热风焊台。恒温热风焊台是通过热空气加热焊锡来实现焊接功能的，焊台里装有一个气泵，性能好的气泵噪声较小，气泵的作用是不间断地吹出空气，气流顺着橡皮管流向前面的手柄，手柄内是焊台的加热芯，通电后会发热，里面的气流顺着风嘴把热量带出。

每个焊台都配有多个风嘴，不同的风嘴配合不同的芯片来使用。热风焊台一般有两个调节旋钮，其中一个是调节风速的，另一个是调节温度的。热风焊台使用后要冷却机身，冷却期间不要拔掉电源插头，否则会影响发热芯的使用寿命。焊台工作时，风嘴吹出的热空气温度很高，能够把人烫伤，切勿触摸，替换风嘴时要等温度降下来再进行操作。其结构与外形如图 1-7 所示。

图 1-6　手动焊锡枪　　　　　　　　　图 1-7　热风焊台结构外形

热风头使用：电源开关打开后，根据需要选择不同的风嘴和吸锡针，然后把热风温度调节钮（HEATER）调至适当的温度，同时根据需要再调节热风风量调节钮（AIRCAPACITY）调到所需风量，待预热温度达到所调温度时即可使用。如果短时不用，则可将热风风量钮（AIRCAPACITY）调节器至最小，热风温度调节钮（HEATER）调至中间位置，使加热器处在保温状态，再使用时，调节热风风量钮、热风温度钮即可。

热风焊台可进行直插元件的拆卸，贴片元件的拆装，集成电路的拆装焊接操作。

使用注意事项如下。

1）针对不同封装的集成线路，更换不同型号的专用风咀。针对不同焊点大小，选择不同温度、风量及风咀距板的距离。

2）在热风焊枪内部，装有过热自动保护开关，枪嘴过热保护开关动作，机器停止工作。这时必须把风量钮（ATPCAPACITY）调至最大，延时 2min 左右，加热器才能工作，机器恢复正常。

3）使用后，要注意冷却机身：关电后，发热管会自动短暂喷出冷风，在此冷却阶段，不得拔去电源插头。

4）不使用时，请把手柄放在支架上，以防意外。

5）禁止在焊铁前端网孔放入金属导体，此举会导致发热体损坏及人体触电。

（4）吸锡电烙铁。吸锡电烙铁是将活塞式吸锡器与电烙铁熔于一体的拆焊工具，它具有使用方便、灵活、适用范围宽等特点。不足之处是每次只能对一个焊点进行拆焊。

吸锡电烙铁又可作为一般电烙铁使用，所以它是一件非常实用的焊接工具。图 1-8 所示为吸锡式电烙铁的外形与结构。

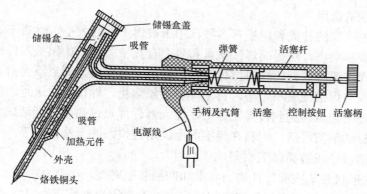

图 1-8　传统吸锡式电烙铁的外形与结构

1）吸锡电烙铁的使用方法如下。

a）接通电源，预热 5～7min。

b）向内推动活塞柄到头卡住，将吸锡电烙铁前端的吸头对准欲取下的元器件的焊点，待锡钎料融化后，用小拇指按一下控制按钮，活塞将快速后退，锡钎料便吸进储锡盒内。

c）每推动一次活塞（应推到头）可吸锡一次。如果一次没有把锡钎料吸干净，则可重复进行，直到吸干净为止。

2）吸锡电烙铁使用的注意事项如下。

a）使用前要将吸头和储锡盒拧紧，以防漏气，否则会影响吸锡效果。

b）经常清除进入吸嘴及气筒内的焊锡杂质，并给活塞加少许机油。

c）每次使用完后，要推动活塞 3～4 次，以清除吸管内残留的焊锡，使吸咀及吸管内畅通，以便下次使用。

d）吸锡器通电后，严禁安装和拆卸其电热部分零件。

e）使用过程中，必须配用具有自然散热结构的烙铁座并应该置于烙铁座内。

f）新吸锡器首次使用时因电热元件烘热而可能轻微发烟，这是正常现象，10min 后会自然消失。

（5）电热手动吸锡器。电热手动吸锡器具有外形美观、结构新颖、使用方便、吸锡干净等特点，是电子专业维修人员及广大无线电爱好者的必备工具，如图 1-9 所示。电热吸锡器只需单手即可同时完成加热吸锡两个功能，不用吸锡的时候还能当普通烙铁使用，电热吸锡器可以精准无比地吸取熔化的焊锡，顺利拔除零件。利用它可以方便地将要更换的元件从线路板上取下来，而又不会损坏元件和线路板。对于更换集成电路、多脚开关

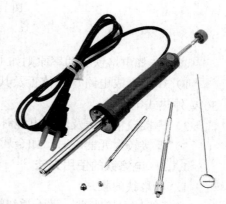

图 1-9　电热两用吸锡器

等优点更为突出。使用时，先将焊锡加热，然后压下吸锡器扳机，一次解决。

使用时先将吸锡器里面的气压出并卡住，再将被拆的焊点加热，使焊料熔化，把吸锡器的吸咀对准熔化的焊料，然后按一下吸锡器上的小凸点，焊料就被吸进吸锡器内。

使用注意事项可参照吸锡电烙铁使用方法。

1.1.2　电烙铁的选用

综上所述，电烙铁的种类和规格有多种，由于被焊工件的大小、性质不同，因而合理地选用电烙铁的种类和功率，对提高焊接质量和效率有直接关系。如果被焊件较大，使用的电烙铁功率小，则焊接温度过低，焊料熔化较慢，焊剂不易挥发，焊点不光滑、不牢固，这样势必造成外观质量与焊接强度不合格，甚至焊料不能熔化，焊接无法进行。如果电烙铁功率过大，则会使过多的热量传递到被焊工件上，使元器件焊点过热，可能造成元器件损坏，也可能使印制电路板的铜箔脱落，焊料在焊接面上流动过快，并无法控制等。

（1）选用电烙铁一般遵循以下原则。

1）烙铁头的形状要适应被焊件物面要求和产品装配密度。

2）烙铁的顶端温度要与焊料的熔点相适应，一般要比焊料熔点高 30～80℃（不包括在电烙铁头接触焊接点时下降的温度）。

3）电烙铁热容量要恰当。烙铁头的温度恢复时间要与被焊件物面要求相适应。温度恢复时间是指在焊接周期内，烙铁头顶端温度因热量散失而降低后，再恢复到最高温度所需时间。它与电烙铁功率、热容量以及烙铁头的形状、长短有关。常用的几种烙铁头形状如图 1-10 所示。

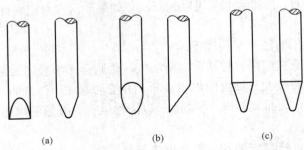

图 1-10　烙铁头的几种典型形状

（a）錾式；（b）单楔型式；（c）圆锥式

（2）选择电烙铁的功率原则如下。

1）焊接集成电路，晶体管及其他受热易损件的元器件时，考虑选用 20W 内热式或者30W 外热式电烙铁；

2）焊接较粗导线及同轴电缆时，考虑选用 50W 内热式或 50～75W 外热式电烙铁。

3）焊接较大元器件时，如金属底盘接地焊片，应选 100W 以上的电烙铁。

1.1.3　电烙铁的使用方法

1. 电烙铁的握法

为了能使焊接牢靠，又不烫伤被焊件的元器件及导线，根据被焊件的位置和大小及电烙铁的类型、功率大小，适当选择电烙铁的握法很重要。

电烙铁的握法分为三种，如图 1-11 所示。

（1）握笔法。用握笔的方法握电烙铁，此法适用于小功率电烙铁，焊接散热量小的被焊件，如焊接一般电子产品的印制电路板电子元器件焊接及其维修等。

（2）正握法。此法适用于较大的电烙铁，弯形烙铁头的一般也用此法。

（3）反握法。用五指把电烙铁的柄握在掌内，此法适用于大功率直头电烙铁，焊接散热量较大的被焊件。

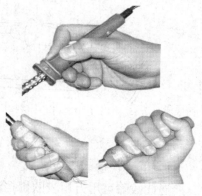

图 1-11　烙铁的握法

2. 电烙铁使用前的处理

一把新烙铁必须先处理，后使用。即在使用前先通电给烙铁头"上锡"。具体方法：首先用锉刀把烙铁头按需要锉成一定的形状，然后接电源，当烙铁温度升到能熔锡时，将烙铁头在松香（助焊剂）上沾涂一下，等松香冒烟后再沾涂一层焊锡，如此反复进行二至三次，使烙铁头的刃面（工作面）上全部挂上一层锡便可使用了。

3. 烙铁头长度的调整

电烙铁的功率选定后，已基本能满足焊接温度的要求。对于外热式电烙铁，在使用中还可通过调整烙铁头在烙铁加热管中的装卡长度来调整烙铁头的温度，烙铁头往前调整温度降低，向后调整则温度升高。

4. 烙铁头的选择

烙铁头有直头和弯头两种。当采用握笔法时，直头的电烙铁使用起来较灵活，适合元器件较多的电路中进行焊接。大功率直头的电烙铁适于反握法进行焊接。弯头电烙铁用正握法较合适，多用于线路板垂直于桌面情况下的焊接。

5. 烙铁使用的其他注意事项

（1）电烙铁不宜长时间通电而不使用，这样容易使烙铁心加速氧化而烧断，缩短其寿命，同时也会使烙铁头因长时间加热而氧化，甚至被"烧死"而不再"吃锡"。

（2）更换烙铁心时应注意引线正确连接。电烙铁一般采用两线连接，但也有三线连接方式。使用三线连接时，三个接线柱中有一个为接地接线柱以防感应电压使外壳带电。电热丝的两头通过接线柱与 220V 交流电源相接。如误将 220V 电源接到接地线的接线柱上，则电烙铁外壳就要带电，被焊件也带电，这样就会损坏元器件或发生触电事故。

（3）电烙铁在焊接时，一般选用松香焊剂，以保护烙铁头不被腐蚀。氯化锌（$ZnCl$）和酸性焊剂对烙铁头和被焊元器件腐蚀性很大，同时使烙铁头寿命缩短，故不宜采用。

（4）注意安全，无论做什么工作，安全都应该是第一位的。在使用电烙铁之前应仔细检查电源线与保护接地线相互不能接错，其次应看一看电源线及插头要完好无损，电源线如有破损要及时用绝缘胶带包好。对初次使用或长期未用的电烙铁，使用前最好将烙铁内烘干，以防漏电。另外工作中暂时不用电烙铁最好将其放在如图 1-12 所示的烙铁架上，以防烫伤或烫坏工作台面及其他物品。

1.1.4　电烙铁常见故障及其维护

电烙铁使用过程中常见故障有电烙铁通电后不热、烙铁带电等。下面以内热式 20W 电烙铁为例分述如下。

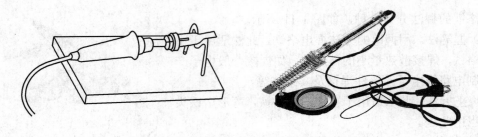

图 1-12　电烙铁的放置方法

1. 电烙铁通电后不热

遇此故障可用万用表欧姆挡测量插头两端,如表针不动,说明有断路故障。当插头本身无断路故障时便可卸下胶木柄,用万用表测烙铁心的两根引线。如果表针仍不动,说明烙铁心损坏,应更换新烙铁心。如果测量得电阻值为 2.5kΩ 左右,则说明烙铁心是好的,故障出现在引线及插头上,多为电源引线短路或插头的接点断开。进一步用 R×1 挡测电源引线电阻值,即可发现问题,如图 1-13 所示。

更换烙铁心的方法:将固定烙铁心的引线螺钉拧开,将引线卸下,把烙铁心从连接杆中取出,然后将新的同规格烙铁心插入连接杆并将引线固定在固定螺钉上,并将烙铁心多余引线头剪掉,以防两引线不慎短路。

2. 烙铁头带电

烙铁头带电除前面所述电源线错接在接地线的接线柱上的原因外,多为电源从烙铁心接线螺钉脱落后,碰到了接地线的螺钉上,从而造成烙铁头带电。这种故障最易造成触电事故,并极有可能损坏元器件。为此,要经常检查压线螺钉是否松动或丢失,发现问题及时修理,如图 1-14 所示。

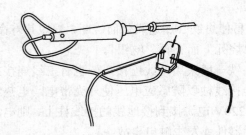

图 1-13　烙铁心的检查方法

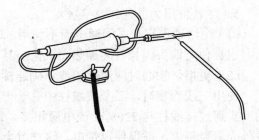

图 1-14　电烙铁漏电的检查方法

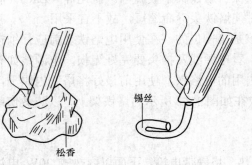

松香　锡丝

图 1-15　烙铁头的上锡方法

3. 烙铁头不"吃锡"

烙铁头经长时间通电且不经常使用,就会因氧化而不沾焊锡,这种现象称之为"烧死",亦称不"吃锡"。

当出现不"吃锡"情况时,可在电烙铁断电冷却后用砂纸或锉刀将烙铁头的工作面重新打磨或锉出新茬,然后重新镀上焊锡就可使用了,上锡方法如图 1-15 所示。

4．烙铁头出现凹坑或氧化腐蚀层

出现凹坑或氧化腐蚀层后，可使烙铁头的刃面（工作面）不平，遇此情况，可用锉刀将氧化层及凹坑锉掉锉平，锉成原来的形状，然后再上锡，即可重新使用。在用锉刀锉削时，特别要注意一定在烙铁断电且冷却的情况下进行，并要把烙铁头靠在工作台上进行锉削。

任务 1.2　焊料、助焊剂的使用

【任务目标】

- 了解焊料的组织成分及不同焊料的特性
- 掌握焊料的使用方法
- 了解助焊剂在锡焊过程中的作用
- 掌握助焊剂使用方法

1.2.1　焊料

1．焊料的种类

焊料是指易熔的金属及其合金。它的作用是将被焊物连接在一起。焊料的熔点要比被焊物熔点低，且易于与被焊物连为一体。

焊料按其组成成分，可分为锡铅焊料、银焊料、铜焊料等。

按照使用环境温度可分为高温焊料和低温焊料。锡铅焊料中，根据熔点不同分为硬焊料和软焊料。熔点在 450℃ 以下的称为软焊料。

抗氧化焊料是在锡铅焊料中加入少量的活性金属，在形成液体焊料进行自动化生产线上进行波峰焊时，防止焊料暴露在大气中形成氧化层从而防止虚焊，以提高焊接质量。

焊锡膏是一种均匀、稳定的锡合金粉、助焊剂以及溶剂的混合物。在焊接时可以形成合金性连接。这种物质极适合表面贴装的自动化生产的可靠性焊接，是现在电子业高科技的产物。焊锡膏是助焊的，一方面隔离空气防止氧化，另一方面增加毛细作用，增加润湿性，防止虚焊。

锡膏是利用印刷方法将其准确地、均匀地涂覆在印制电路板上的。利用回流焊技术对表面装贴元件进行焊接，在表面贴装装配的回流焊接中，锡膏用于表面贴装元件的引脚或端子与焊盘之间的连接。有许多变量，如锡膏、丝印机、锡膏应用方法和印刷工艺过程，都直接影响到焊接质量。

2．电子产品焊料的选用

焊料的选用，直接影响焊接质量。应根据被焊物的不同，选用不同焊料。在电子线路装配中，一般选用锡铅焊料，常见的形态有丝状焊料、原始锡条粗料和膏类焊料。常用的丝状焊料在其内部夹有固体焊剂松香，焊锡丝的直径种类较多，其直径有 4mm、3mm、2.5mm、1.5mm、1mm 和 0.8mm 等。条状焊料主要应用于电工工程的焊接，工业焊接（如浸焊机、波峰焊机）也使用这类焊料。至于膏类焊料则是一种混合料，它既含有锡合金粉，也含有助焊剂和适量的溶剂。几类焊料如图 1-16 所示。前两种焊料俗称焊锡，后一种俗称锡膏或锡浆。它们有以下优点。

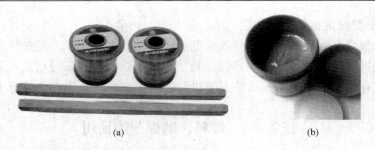

图 1-16　常用的锡铅焊料

（a）锡条与锡丝；（b）锡膏（锡浆）

（1）熔点低。它在 180℃时便可熔化，使用 25W 外热式或 20W 内热式的电烙铁便可进行焊接。

（2）具有一定机械强度。锡铅合金比纯锡、纯铅强度要高。又因电子元器件本身重量较轻，锡铅合金能满足对焊点强度的要求。

（3）具有良好的导电性。

（4）抗腐蚀性能好。用其焊接后，不必涂抹保护层就能抗大气的腐蚀，从而减少工艺流程，降低成本。

（5）对元器件引线及其他导线附着力强，不易脱落。

（6）具有焊接可逆性。

正因为焊锡具有上述优点，故在焊接技术中得到极其广泛的应用。锡铅焊料是由两种以上金属材料按不同比例配制而成的。多数焊料中均有不同含量锑，各种合金配比的不同，其性能亦随之改变。

在市场上出售的焊锡，由于生产厂家不同其配制比例有很大差别。常用焊锡配比（质量）不同熔点也各不同，举例如下。

1）锡 50%、铅 32%、镉 18%，熔点 145℃。

2）锡 35%、铅 42%、铋 23%，熔点 150℃。

3）锡 63%、铅 37%，熔点 182℃。

在电子产品焊接中一般采用 Sn62.7%、Pb37.3%配比的焊料（均指质量含量）。这种焊料在焊接时不经过半凝固状态，而熔点与凝固点相同均为 183℃。其优点是熔点低、结晶间隔短、流动性好、机械强度高。

3. 无铅焊料

锡铅合金（Sn-Pb）一直是最优质的、廉价的焊接材料，无论是焊接质量还是焊后的可靠性都能够达到使用要求。但是，随着人类环保意识的加强，"铅"及其化合物对人体的危害及对环境的污染，越来越被人类所重视。

欧盟强制要求自 2006 年 7 月 1 日起，在欧洲市场上销售的电子产品必须为无铅的电子产品（个别类型电子产品暂时除外）；原中国信息产业部也提议自 2006 年 7 月 1 日起投放市场的国家重点监管目录内的电子信息产品不能含有 Pb。

美国用于表面安装推荐的三种无铅焊料合金种类 Sn-58Bi，熔融温度 139℃，适用范围为家用电器、携带式电话。合金 Sn-3.4Ag-4.8Bi，熔融温度 205～210℃，适用范围为家用电器、携带式电话、宇宙航空、汽车等行业。合金 Sn-3.5Ag-0.5Cu-1In，熔融温度 221℃，适用范围为家用电器、携带式电话、宇宙航空、汽车等领域。

以目前使用的 Sn-Ag、Sn-Cu、Sn-Sb、Sn-Ag-Cu 系列无铅焊料合金，与 183℃的 Sn-Pb 共晶焊料相比较，各有优缺点。无铅焊料与锡铅焊料相比，熔点偏高，一般要高出 30～40℃，而且润湿性差、成本高，但是机械强度高、蠕变性好，耐热疲劳性优，经过反复研究试验，Sn3.0Ag0.7Cu 组分的无铅球焊料是适合流动焊和手工焊的优选无铅焊料。

使用无铅锡丝时应注意以下几点。

（1）注意烙铁功率的选择，无铅焊料的熔点比锡铅合金高出许多，在不影响元器件所受热冲击的情况下，可适当把烙铁功率加大，以加快熔锡与上锡的速度；焊接温度不能低于 375℃或用 60W 烙铁。

（2）在焊后焊点的感观上，不能按以往锡铅合金的标准评判，通常的无铅焊料焊点不如锡铅合金焊点平滑、光亮，但只要能保证焊点的完全焊接及其检测时的可靠性，就应属可接受范围。

1.2.2　助焊剂

1.　助焊剂的作用

在进行焊接时，为能使被焊物与焊料焊接牢靠，要求金属表面无氧化物和杂质，以保证焊锡与被焊物的金属表面固体结晶组织之间发生合金反应，即原子状态相互扩散。因此焊接开始之前，必须采取有效措施除去氧化物和杂质。

除去氧化物和杂质，通常用机械方法和化学方法。机械方法是用砂纸或刀将其清除。化学方法是用助焊剂清除。用助焊剂清除具有不损坏被焊物和效率高的特点，因此焊接时一般都采用此法。

助焊剂除了有去氧化物的功能外还具有以下作用。

（1）具有加热时防止金属氧化作用。

（2）具有帮助焊料流动，减小表面张力的作用。

（3）可将热量从烙铁头快速传递到焊料和被焊物的表面。因助焊剂熔点比焊料及被焊物熔点均低，故先熔化，并填满间隙和浸润焊点，使烙铁的热量很快传递到被焊物上，使预热速度加快。

以上作用均对提高焊接质量起积极作用。

2.　助焊剂的种类

助焊剂可分为无机系列、有机系列和树脂系列。

（1）无机系列助焊剂。无机助焊剂具有高腐蚀性，由无机酸和盐组成，如盐酸、氢氟酸、氯化锡、氟化钠或钾、氯化锌。这些助焊剂能够去掉铁和非铁金属的氧化膜层，如不锈钢、铁镍钴合金和镍铁，无机助焊剂一般用于非电子应用，如铜管的铜焊。但有时用于电子工业的铅镀锡应用。无机助焊剂由于存在潜在的可靠性问题，因此这种助焊剂通常只用于非电子产品的焊接，在电子设备的装联中严禁使用这类无机系列的助焊剂。

市场上出售的各种普通"焊油"多数属于此类助焊剂。

（2）有机酸助焊剂。有机酸（OA）助焊剂比松香助焊剂要强，但比无机助焊剂要弱。在助焊剂活性和可清洁性之间，它提供了一个很好的平衡，有机酸（OA）助焊剂，由于术语"含酸"助焊剂，甚至在传统装配上，一般为人们所回避。主要由有机酸卤化物组成。优点是助焊性能好，不足之处是有一定的腐蚀性，且热稳定性差。即一经加热，便迅速分解，留下无活性残留物。

近年来各种无酸焊膏的出现，使助焊剂的选择具有灵活性。这种焊膏采用无酸助焊剂精制，可以清除铜合金的基板、电线等焊料和被焊母材表面的氧化物，使金属表面达到必要的清洁度，防止焊接时表面的再次氧化，降低焊料表面张力，提高焊接性能，是电气维修工进行焊接不可缺少的辅助品，如图1-17所示。

（3）松香助焊剂。在电子产品的焊接中使用比例最大的是松香树脂型助焊剂。由于它只能溶解于有机溶剂，故又称为有机溶剂助焊剂，其主要成分是松香。松香在固态时呈非活性，只有液态时才呈活性，其熔点为127℃，活性可以持续到315℃。锡焊的最佳温度为240～250℃，所以正处于松香的活性温度范围内，且它的焊接残留物不存在腐蚀问题，这些特性使松香为非腐蚀性焊剂而被广泛应用于电子设备的焊接中。

为了不同的应用需要，松香助焊剂有液态、糊状和固态3种形态。固态的助焊剂适用于烙铁焊，液态和糊状的助焊剂分别适用于波峰焊和再流焊。

松香是一种天然产物，通过蒸馏法加工成固态松香，如图1-18所示。

图1-17　膏类助焊剂——无酸焊膏　　　　图1-18　常用中性焊剂——固态松香

这种助焊剂的优点：无腐蚀性，高绝缘性能，长期的稳定性及耐温性。焊接后易于清洗，并能形成薄膜层覆盖焊点，使焊点不被氧化腐蚀。

3. 助焊剂的选用

（1）电子线路的焊接通常采用松香或松香酒精焊剂。由于纯松香焊剂活性较弱，故只有在被焊金属表面是清洁且无氧化层时，可焊性才是好的。有时为了清除焊接点的锈渍，保证焊接质量，也可用少量氯化铵焊剂，但焊接后一定要用酒精将焊接处擦洗干净，以防残留焊剂对电路引起腐蚀。

为改善松香焊剂的活性，在松香焊剂中加入活性剂，就构成活性焊剂。它在焊接过程中，能除去氧化物及氢氧化物，使被焊金属与焊料相互扩散，生成合金，提高焊接质量。

（2）其他金属或合金焊接时的焊剂选用。

1）对铂、金、铜、银、镀锡金属，易于焊接，可选有松香焊剂。

2）对于铅、黄铜、青铜、镀镍等金属，焊接性能差，可选用有机焊剂中的中性焊剂。

3）对镀锌、铁、锡镍合金等，因焊接困难，可选用无机焊剂。但焊接后，务必对残留焊剂进行彻底清洗。

松香酒精焊剂可自行配制，配方如下。

特级松香（工业用）：150～170g。

酒精（工业用）：100mL。

三乙醇胺（工业用）：2～4g。

配制过程中，把松香碾成粉末后倒入酒精容器中，用玻璃棒或竹片搅拌，待完全溶解后，加入三乙醇胺即可。

任务 1.3　手 工 锡 焊 操 作

【任务目标】

- 了解锡焊点好坏对电子产品质量的影响
- 掌握手工锡焊的操作要领
- 掌握焊接缺陷的检查方法及相应的补救措施
- 掌握电子制作和电子产品的焊接工艺
- 掌握电子元器件的拆焊方法
- 了解 PCB 的工业焊接工艺

电子产品及其电子线路组装的主要任务，是在印制电路板上对电子元器件进行锡焊。焊点个数可从几十个到成千上万个。如一个焊点达不到要求，就会影响整机质量。掌握焊接工艺对于保证焊接质量，具有重要意义。同时还需提高焊接速度以提高劳动生产率，我们必须掌握焊接技术要领，学会熟练地进行焊接。

1.3.1　对焊接点的基本要求

一个高质量的焊接点，不但要有良好的电气性能和一定的机械强度，还应有一定的光泽和清洁的表面。对焊接点有以下基本要求。

1. 焊点要有足够的机械强度

锡铅焊料主要成分是锡和铅，这两种金属强度较弱。为保证被焊件在受振动或冲击时不致脱落、松动，在焊接时根据需要增大焊接面积，或将被焊件引线、导线先行折弯或绞合在接点上再进行焊接，以保证有足够的机械强度。但不能用过多焊料堆积，这样容易造成虚焊或焊点与焊点的短路。

2. 焊接可靠，具有良好导电性

一个良好的焊点不是简单地将焊料依附在被焊件金属物面上。焊接可靠，才能有良好的导电性。为使焊点良好，必须防止虚焊。虚焊是指焊料与被焊件表面没有形成合金结构。只是简单地依附在被焊金属表面上。

3. 焊点表面要光滑、清洁

焊点表面应有良好光泽，不应有行刺、空隙，无污垢，尤其是焊剂的有害残留物质。为使焊点美观、光滑、整齐，不但要有熟练的焊接技能，而且要选择合适的焊料与焊剂，否则将会出现焊点表面粗糙、拉尖、棱角等现象。

1.3.2　手工锡焊的操作要领

1. 锡焊机理

从理解锡焊过程，指导正确的焊接操作来说，锡焊机理可认为是将表面清洁的焊件与焊料加热到一定温度，焊料熔化并润湿焊件表面，在其界面上发生金属扩散并形成合金层，从而实现金属的焊接。以下是最基本的三点。

（1）扩散。金属之间的扩散现象是在温度升高时，由于金属原子在晶格点阵中呈热振动状态，因此它会从一个晶格点阵自动地转移到其他晶格点阵。扩散并不是在任何情况下都会发生，而是要受到距离和温度条件的限制。锡焊时，焊料和工件金属表面的温度较高，焊料与工件金属表面的原子相互扩散，于是在两者界面形成新的合金。

（2）润湿。润湿是发生在固体表面和液体之间的一种物理现象。在焊料和工件金属表面足够清洁的前提下，加热后呈熔融状态的焊料会沿着工件金属的凹凸表面，靠毛细管的作用扩展，焊料原子与工件金属原子靠原子引力互相起作用，就可以接近到能够互相结合的距离。

（3）合金层。焊接后，焊点温度降低到室温，这时就会在焊接处形成由焊料层、合金层和工件金属表层组成的结构。合金层形成在焊料和工件金属界面之间。冷却时，合金层首先以适当的合金状态开始凝固，形成金属结晶，然后结晶向未凝固的焊料生长。

2. 手工锡焊要点

以下几个要点是由锡焊机理引出并被实际经验证明具有普遍适用性。

（1）掌握好加热时间。锡焊时可以采用不同的加热速度，例如烙铁头形状不良，用小烙铁焊大焊件时不得不延长时间以满足锡料温度的要求。在大多数情况下延长加热时间对电子产品装配都是有害的，有以下几点原因。

1）焊点的结合层由于长时间加热而超过合适的厚度引起焊点性能劣化。

2）印制板，塑料等材料受热过多会变形、变质。

3）元器件受热后性能变化甚至失效。

4）焊点表面由于焊剂挥发，失去保护而氧化。

结论：在保证焊料润湿焊件的前提下时间越短越好。

（2）保持合适的温度。

1）如果为了缩短加热时间而采用高温烙铁焊接焊点，则会带来另一方面的问题：焊锡丝中的焊剂没有足够的时间加热挥发。

2）在被焊面上漫流而过早挥发失效；焊料熔化速度过快影响焊剂作用的发挥；由于温度过高虽加热时间短也造成过热现象。

结论：保持烙铁头在合理的温度范围。一般经验是烙铁头温度比焊料熔化温度高 50℃较为适宜。理想的状态是较低的温度下缩短加热时间，尽管这是矛盾的，但在实际操作中可以通过操作手法获得令人满意的解决方法。

（3）手工锡焊操作要领。

1）焊件表面处理。手工烙铁焊接中遇到的焊件是各种各样的电子零件和导线，除非在规模生产条件下使用"保险期"内的电子元件，一般情况下遇到的焊件往往都需要进行表面清理工作，去除焊接面上的锈迹、油污、灰尘等影响焊接质量的杂质。手工操作中常用机械刮磨和酒精、丙酮擦洗等简单易行的方法。

2）预焊（镀锡，上锡，搪锡）。预焊就是将要锡焊的元器件引线或导电的焊接部位预先用焊锡润湿，一般也称为镀锡、上锡、搪锡等。称预焊是准确的，因为其过程和机理都是锡焊的全过程——焊料润湿焊件表面，靠金属的扩散形成结合层后使焊件表面"镀"上一层焊锡。

预焊并非锡焊不可缺少的操作，但对手工烙铁焊接特别是维修、调试、研制工作几乎可以说是必不可少的。

a）元器件引脚的上锡。焊前要将被焊元器件引线刮净，最好先挂锡再焊，如图 1-19 所示。对被焊物表面的氧化物、锈斑、油污、灰尘、杂质等一定要清理干净。若为新购电子元器件，一般不用处理可直接进行焊接。

b）塑料导线的上锡。在电子产品制作中，常需要连接用塑料导线，它分为单股和多股软芯导线两种。给塑料导线上锡时，先用剥线钳剥掉端头绝缘层，也可用烙铁头剥掉绝缘层，方法是先把塑料导线的一端紧贴在热的烙铁头的尖处，同时转动塑料线将塑料外

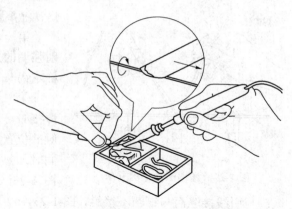

图 1-19 元器件引脚和导线头的上锡方法

层一圈烫断；待烫软的塑料线外层稍凉后，顺势用手一拉即可露出金属线；如果是多股铜心导线，则需将导线芯捻成"麻花状"，将处理好的线头直接放在松香上，用带有锡的烙铁头放在其上来回移动，或直接转动导线，使导线四周都上好锡，如图 1-20 所示。

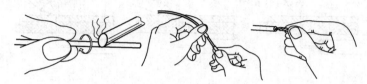

图 1-20 塑料导线的剥制与上锡

（4）焊接方法。

1）带锡焊接法（吃锡法）的要领。焊接时，用烙铁头的刃口（工作面）沾带上（吃上）适量的焊锡，再将烙铁头的刃口接触被焊件部位，当看到所带焊锡充分熔化并浸润被焊的引线和焊盘（点）时，就可以将烙铁头移开。烙铁头所带锡量的多少，要根据焊点的大小而定，烙铁头的刃口与电路板的角度最好是 45°角。焊接时注意烙铁头不要轻点几下就离开焊接位置，这样虽然在焊点上也留下了焊锡，但这样的焊接是不牢固的。接触焊点的时间一定使其充分浸润后烙铁头才能撤离电路板。撤离烙铁时，要从下向上提拉，以使焊点光亮、饱满。此方法用于一只手需要拿工具或元器件时或在电子设备维修时使用，如图 1-21 所示。

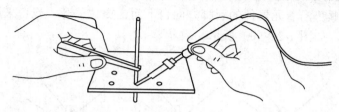

图 1-21 带锡焊接法（吃锡法）

2）送锡焊接法操作要领。如焊点较多且一只手能腾出来拿焊丝时，则可采用送锡法这种施加焊料的方法去焊接。焊接时需将 PCB（印制电路板）平放在工作台上，用一只手拿烙铁，另一只手拿焊丝，两只手配合起来进行焊接操作，如图 1-22 所示。

送锡法焊接法采用五步操作法，其操作步骤：准备施焊、加热焊件、加焊料、移开焊锡、

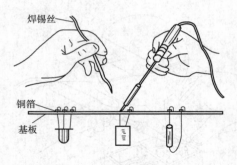

图 1-22　送锡法操作示意图

烙铁撤离。

第一步：准备施焊。准备好焊锡丝和烙铁。此时特别强调的是烙铁头部要保持干净，即可以沾上焊锡（俗称吃锡）。

第二步：加热焊件。操作者一般用右手握电烙铁，焊接时烙铁头与引线、印制板铜箔焊盘之间要有正确接触的位置，应将烙铁头的刃口以与印制电路板成 45°角同时加热焊盘和元器件的引脚，如图 1-23（c）所示。图 1-23（a）、（b）为不正确的接触，图 1-23（a）中烙铁头与引线接触而与铜箔不接触，图 1-23（b）中与铜箔接触而与引线不接触，这两种情况将造成热传导不均衡，影响焊接质量。加热时间不宜过长，否则就会因烙铁高温氧化焊盘，将造成不好焊接。

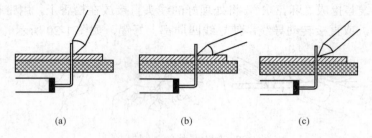

图 1-23　焊接时烙铁头的位置

（a）烙铁头与引线接触而不与铜箔接触；（b）烙铁头与铜箔接触而与引线不接触；（c）正确的接触

第三步：加焊料。当焊件加热到能熔化焊料的温度后将焊丝置于焊点，焊料开始熔化并润湿焊点。加热的同时，操作者可用另一只手拿焊丝，从烙铁头的对面接触被焊件的元器件引脚和焊盘，当看到锡丝熔化并开始向四周扩散后，就可转到第四步（去焊锡）。送丝时要注意印制电路板尽量放置平稳，并保持元器件引脚的稳定，送丝的长短与焊点的大小相适应，如图 1-24（c）所示。

第四步：去焊锡。当熔化一定量的焊锡后将焊锡丝移开。

第五步：去烙铁。当看到锡丝充分熔化并浸润被焊的引脚和焊盘，在收起焊锡丝的同时，将右手拿的电烙铁顺势沿着元器件的引脚方向自下而上提拉移开，或者采用 45°角的方向从电路板上移开烙铁，如图 1-24（e）所示。

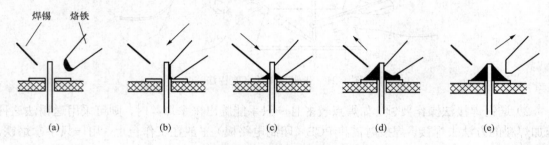

图 1-24　五步法操作过程示意图

（a）准备；（b）加热；（c）加焊锡；（d）去焊锡；（e）去烙铁

在焊锡凝固前，被焊物不可晃动，否则极易造成虚焊，从而影响焊接质量。完整操作步骤示意图如图 1-24 所示。

需要指出的是，上述过程，对一般焊点而言大约两三秒钟。对于热容量较小的焊点，例如印制电路板上的小焊盘，有时用三步法概括操作方法，实际操作过程中"加热"和"加焊锡"这两个过程不需要多大时间差，几乎是同时进行。即可将上述步骤二和步骤三合为一步，步骤四和步骤五合为一步。实际上细微区分还是五步，所以五步法有普遍性，是掌握手工烙铁焊接的基本方法．特别是各步骤之间停留的时间，对保证焊接质量至关重要，只有通过实践才能逐步掌握。

在实训过程中进行手工锡焊训练、考核和电子产品组装时建议采用此方法。

3．焊接质量保证

（1）助焊剂的用量要适当。使用焊剂时，必须根据被焊件的面积大小和表面状态适量施用，用量过小则影响焊接质量，用量过多，焊剂残渣将会腐蚀元件或使电路板绝缘性能变差。

适量的助焊剂是必不可缺的，但不要认为越多越好。过量的松香不仅造成焊后焊点周围需要清洗的工作量，而且延长了加热时间（松香熔化、挥发需要并带走热量），降低工作效率；而当加热时间不足时又容易夹杂到焊锡中形成"夹渣"缺陷；对开关类元件的焊接，过量的焊剂容易流到触点处，从而造成接触不良。

合适的焊剂量应该是松香水仅能浸湿将要形成的焊点，不要让松香水经插孔透过印制板流到元件面或插座孔里（如 IC 插座）。对使用松香芯的焊丝来说，基本不需要再涂助焊剂。

（2）保持烙铁头的清洁。因为焊接时烙铁头长期处于高温状态，又接触焊剂等受热分解的物质，其表面很容易氧化而形成一层黑色杂质，这些杂质几乎形成隔热层，使烙铁头失去加热作用。因此要随时在烙铁架上蹭去杂质。用一块湿布或湿海绵随时擦拭烙铁头，也是常用的方法。

（3）加热要靠焊锡桥。非流水线作业中，一次焊接的焊点形状是多种多样的，不可能不断换烙铁头。要提高烙铁头加热的效率，需要形成热量传递的焊锡桥。所谓焊锡桥，就是靠烙铁上保留少量焊锡作为加热时烙铁头与焊件之间传热的桥梁。

显然由于金属液的导热效率远高于空气，而使焊件很快被加热到焊接温度，应注意作为焊锡桥的锡保留量不可过多。

（4）焊锡（钎料）量要合适。过量的焊锡（钎料）不但毫无必要地消耗了较贵的锡，而且增加了焊接时间，相应降低了工作速度。更为严重的是在高密度的电路中，过量的锡很容易造成不易察觉的桥接短路。

但是焊锡（钎料）过少不能形成牢固的结合，降低焊点强度，特别是在板上焊导线时，焊锡（钎料）不足往往造成导线脱落。焊料的多少如图 1-25 所示。

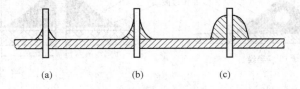

图 1-25　焊料的使用量

（a）钎料不足；（b）钎料适量；（c）钎料过多

（5）焊件要牢固。在焊锡凝固之前不要使焊件移动或震动，特别使用镊子夹住焊件时一定要等焊锡凝固再移去镊子。这是因为焊锡凝固过程是结晶过程，根据结晶理论，在结晶期间受到外力（焊件移动）会改变结晶条件，导致晶体粗大，造成所谓"冷焊"。外观现象是表面无光泽呈豆渣状；焊点内部结构疏松，容易有气隙和裂隙，造成焊点强度降低，导电性能差。因此，在焊锡凝固前一定要保持焊件静止，实际操作时可以用各种适宜的方法将焊件固定，或使用可靠的夹持措施。

（6）烙铁撤离有讲究。烙铁处理要及时，而且在焊接后撤离时的角度和方向对焊点形成有一定关系。

撤烙铁时轻轻旋转一下，可保持焊点适当的焊料，这需要在实际操作中体会。

1.3.3　焊接质量的检查

焊接是把组成整机产品的各种元器件可靠地连接在一起的主要方法，它的质量与整机产品质量紧密相关。每个焊点的质量，都影响着整机的稳定性、使用的可靠性及电气性能。焊接后一般均要进行质量检查。由于焊接检查与其他生产工序不同，没有一种机械化、自动化的检查测量方法，因此主要通过目视检查和手触检查来发现问题。小型元器件密集的PCB也可采用电子显微镜进行检查。

1．目视检查

目视检查就是从外观上检查焊接质量是否合格，也就是从外观上评价焊点有何缺陷。目视检查的主要内容如下。

（1）是否有漏焊，即应焊的焊点没有焊上。

（2）焊点的光泽好否。

（3）焊点的焊料是否足够。

（4）焊点周围是否残留焊剂。

（5）有无连焊（桥接）现象，即焊接时把不应连接的焊点或铜箔导线连接在一起。

（6）焊盘有无脱落。

（7）焊点有无裂纹。

（8）焊点是否光滑，应无凸凹不平现象。

（9）焊点有否拉尖现象。

如图 1-26 所示为正确的理想的焊点形状，图 1-26（a）为半打弯式焊点形状，图 1-26（b）为直插式焊点形状。

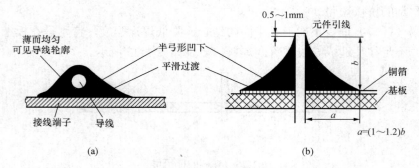

图 1-26　典型焊点外观

（a）半打弯式焊点形状；（b）直插式焊点形状

2. 手触检查

手触检查主要是指用手指触摸元器件时，有无松动、焊接不牢的现象。用镊子夹住元器件引线轻轻摇动时，有无松动现象。焊点在摇动时，上面的焊锡是否有脱落现象。

3. 焊接缺陷产生原因及排除方法

各种焊接缺陷、缺陷特征、产生原因及造成危害见表 1-1。

表 1-1　　　　　　　　　　　　　　　　常 见 焊 接 缺 陷

焊点缺陷	外观形状	外观特点	危害	原因分析
连焊（桥接）		相邻焊点连接	电气短路	焊锡过多，烙铁撤离方向不当
焊料拉尖		焊料出现尖状	外观不佳，易造成桥接现象；易产生高压放电现象	助焊剂过少，加热时间过长，烙铁撤离角度不当
堆焊		焊料面呈凸形	浪费焊料，可能包含内部缺陷	焊丝熔化时间太长，焊料太多
空洞		内部藏有空洞	暂时能导通，但长时间容易引起导通不良	引线与孔间隙过大，或进行浸润性不良
浮焊（假焊、虚焊）		导线或元器件引线可移动	导通不良或不导通	焊锡未凝固前引线移动造成空隙，引线未处理好（浸润差或不浸润）
焊料裂纹（冷焊）		表面呈豆腐渣状颗粒，有时有裂纹	强度低，导电性不好	焊件清理不干净，助焊剂不足或质量差，焊件时未充分加热
过热		焊点发白，无金属光泽，表面较粗糙	焊盘容易剥落，强度降低	烙铁功率过大，加热时间太长

（1）连焊（桥接）。桥接是指焊料将印电路板的铜箔连接起来的现象。明显的桥接较易发现，但细小的桥接用目视法较难发现，只有通过电气性能测试方法才能发现。

明显的桥接是因焊料过多或焊接技术不良而造成的。当焊接时间过长时，会使焊料温度过高，以及烙铁离开焊点时角度过小，这些都易造成桥接。

对于毛细状的桥接，可能是印制电路板的印制导线有毛刺或腐蚀时留有残余金属细丝等，在焊接时起到连接作用而形成桥接现象。桥接（连焊）现象如表 1-1 中图所示。

对焊料造成桥接短路可用烙铁去锡。对于毛细状桥接，需吸锡后用刀片慢慢刮去毛刺和残余金属丝进行清除。

（2）焊料拉尖。焊料拉尖如表 1-1 中图所示，焊点形状如同钟乳石状，造成原因是：焊料过量，焊接时间过长，使焊锡黏性增加，且烙铁离开焊点时方向不对也可产生此现象。

焊料拉尖若超过允许的长度，将会造成绝缘距离变小，尤其是高压电路，容易造成尖端放电，将会引起高压打火现象。修复办法是重焊。

（3）堆焊。堆焊的焊点外形轮廓不清，如同丸子状，根本看不出导线的形状。原因是焊料过多，如表 1-1 中图所示，或元器件引线在焊接时不能浸润，以及焊料的温度不合适。也可能是元器件引脚脏污引起的，这种缺陷容易造成相邻焊点短路。

（4）空洞。空洞是由于焊盘的插线孔太大，焊料没有全部填满印制电路板的插线孔面形成的，如表 1-1 中图所示。造成原因是印制电路板的开孔位置偏离了焊盘的中心，且孔径过大，以及孔周围焊盘氧化、脏污、预处理不良等。当焊料不足时也易产生空洞现象。

（5）浮焊。这种焊点没有正常焊点的光泽及圆滑，而是呈白色细粒状，表面凸凹不平。造成原因是焊接时间过短以及焊料不纯、金属杂质过多。这种焊点的机械强度不足，一旦受到震动敲击，焊料便会自动脱落，即使不脱落导电性也会变差。

（6）假焊与虚焊。假焊指焊接点内部没有真正焊接在一起，也就是焊锡与被焊件物面被氧化层或焊剂的未挥发物及污物隔离。

虚焊是指被焊接的金属没有形成金属合金，只是简单地依附在被焊金属物面上。虚焊的焊点虽能暂时导通，但随时间的推移，最后变为不导通，造成电路故障。假焊的被焊件与焊点没有导通。虚焊与假焊，本身没有严格界线。它们的主要现象就是焊锡与被焊接的金属物面没有真正形成金属合金，表现为接触不牢或互不接触，所以也可统称为虚焊。

造成虚焊的原因：当焊盘、元器件引线有氧化层和油污时，以及焊接过程中热量不足，使助焊剂未能充分挥发，而在被焊面和导线间形成一层松香薄膜时，焊料就不会在焊盘、引线脚上形成焊料薄层，即焊料浸润不良，以使可焊性变差，产生虚焊现象。

为保证焊接质量，不产生虚焊，对浸润能力差的焊盘和引线，应进行预涂覆和浸锡处理。

（7）焊料裂纹。焊点上焊料出现裂纹（冷焊现象）。产生的主要原因：在焊料凝固过程中，移动或晃动元器件引线位置和被焊物而造成的。

（8）铜箔翘起，焊盘脱落。铜箔翘起，甚至脱落。产生原因如下。

1）焊接温度过高，焊接时间过长。

2）在维修过程中，拆除元器件时，当焊料还未完全熔化，就急于摇晃，拉出引线脚。

3）在重新装焊元器件时，没有将焊盘上插线孔疏通就带锡穿孔焊接，引线穿孔时焊料未完全熔化，又用力过猛，易使焊盘翘起。

从以上焊接缺陷产生原因分析可知，提高焊接质量要从以下两方面着手。

第一，要熟练地掌握焊接技能，准确地掌握焊接温度和焊接时间，使用适量的焊料和焊剂，认真地焊好每一焊点。而上述的把握，在书本上是找不到答案的，要在实践中反复练习，总结经验方能应用自如。

第二，要保证被焊物表面的可焊性，必要时采取涂覆浸锡等措施。

4. 焊点的重焊

当焊点一次焊接不成功或上锡量不足时，需要重新焊接。重新焊接时，需待上次焊锡一起熔化并熔为一体时，才能把烙铁移开。

5. 焊接后的处理

焊接结束后，应将焊点周围焊剂清洗干净，并检查电路有无漏焊、错焊、虚焊等现象，可用镊子将每个元件拨一拨，看有无松动现象。

1.3.4　电子产品和电子制作的焊接工艺

1. 焊前准备

首先要熟悉所焊印制电路板的装配图，并按图纸配料，检查元器件型号、规格及数量是否符合图纸要求，并做好装配前元器件引脚成型等准备工作。

2．焊接顺序

元器件装焊顺序一般依次为：电阻器、电容器、二极管、三极管、集成电路、大功率管，其他元器件为先小后大、先低后高。

3．对元器件焊接要求

（1）电阻器焊接。按 PCB 图将电阻器准确装入规定位置。要求标记向上，字向一致（色环电阻方向随便）装完同一种规格后再装另一种规格，尽量使电阻器的高低一致。焊完后将露在印制电路板表面的多余引脚齐根剪去。

（2）电容器焊接。将电容按图装入规定位置，并注意有极性电容器（如铝电解电容器、钽电解电容器）其"＋"与"－"极不能接错，电容器上的标记方向要易看可见。先装瓷介电容器、有机介质电容器，最后装电解电容器。

（3）二极管的焊接。二极管焊接要注意以下几点：第一注意阳极和阴极的极性（即二极管的正、负极），不能装错；第二，型号标记要易看可见；第三焊接立式二极管时，对最短引线焊接时间不能太长，以免过热烧坏。

（4）三极管焊接。注意 e、b、c 三引线位置插接正确；焊接时间尽可能短，焊接时尽量用镊子夹住引线脚，以利于散热。焊接大功率三极管时，若需加装散热片，应将接触面平整、打磨光滑后紧固，若要求加垫绝缘薄膜时，切勿忘记加垫。在散热片与三极管之间若需加导热硅脂时，应涂抹均匀。管脚与电路板上需连接时，要用塑料导线。

（5）集成电路焊接。首先按图纸要求，检查型号、引脚位置是否符合要求。有些集成电路需要加装集成座，在焊接集成座时也一定要注意引脚方向（集成座上缺口左下脚为集成电路引脚的第 1 脚）。焊接时先焊对角边沿的两只引脚，以使其定位，然后再从左到右自上而下逐个焊接。焊接时，烙铁头一次沾锡量以能焊 2～3 只引脚为宜，将已吃锡的烙铁头先接触印制电路上的铜箔，待焊锡进入集成电路引脚底部时，烙铁头再接触引脚，接触时间不宜超过3s。或采用烙铁头和焊锡丝同时接触集成电路引脚的焊接方法也可。无论采用哪种焊接方式，都要使焊锡均匀包往引脚。焊后要检查有无漏焊、碰焊短接、虚焊之处，并清理焊点处焊剂与焊料。

对于电容器、二极管、三极管露在印制电路板面上的多余引脚也要齐根剪去。

1.3.5　拆焊方法及技巧

在调试、维修过程中，或由于焊接错误或元器件损坏都需要对元器件进行更换。在更换元器件时就需拆焊。由于拆焊的方法不当，往往会造成元器件的损坏、印制板导线的断裂或焊盘的脱落。尤其在更换集成电路芯片时，就更为困难。为此拆焊工作是调试、维修过程中的重要内容。良好的拆焊技术，能保证调试、维修工作顺利进行，避免由于更换元器件不得法而增加产品故障率和造成新的故障。

1．普通元器件拆焊

（1）直接加热拆焊。直接加热拆焊是少引脚元器件最常用的一种拆焊方法。所谓直接拆焊就是用烙铁直接加热被拆元器件引脚焊点使元器件引脚与电路板焊盘脱离的拆焊方法。直接加热拆焊又可归结为分点拆焊法和集中拆焊法两种。

1）分点拆焊法。分点拆焊法就是对被拆焊元器件引脚分别进行拆焊的一种方法。其操作步骤是：用烙铁对被拆焊元器件单个引脚焊点进行加热，在加热的同时用手或镊子或尖嘴钳夹住该引脚适当的加力使引线从电路板的插孔中拔出，并依次完成其他引脚与电路板的脱离。操作示意图如图1-27所示。

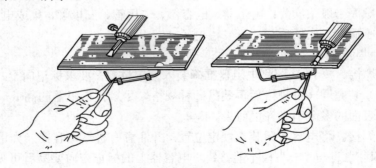

图1-27　分点法拆焊过程示意图

　　2）集中拆焊法。集中拆焊法就是对引脚比较集中的被拆元器件的一种拆焊方法。其操作步骤是：用烙铁头的工作面集中对欲拆焊的所有焊点集中加热，在加热的同时用手或镊子或尖嘴钳夹住该元器件使全部引线从电路板的插孔中拔出。操作示意图如图1-28所示。有时也可自制一个长工作面的专用烙铁头对多引脚器件进行拆焊操作。

　　（2）选用合适的医用空心针头拆焊。如图1-29所示。将医用空心针头锉平，作为拆焊工具（目前市场上也有一种形似针头的拆焊套件工具）。具体方法：一边将烙铁熔化焊点，一边把针头套在被焊的元器件引线上，直至焊点熔化后，将针头迅速插入印制电路板的孔内，使元器件的引脚与印制板的焊盘脱开，这种拆焊方法往往适用于元器件引脚较粗且引脚较多的场合。

图1-28　集中加热拆焊示意图

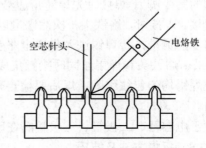

图1-29　空心针头拆焊

　　（3）用铜编织线进行拆焊。将铜编织线（形如屏蔽导线的屏蔽层）的部分吃上松香焊剂或在液态助焊剂中浸泡，然后放在将要拆焊的焊点上，再把电烙铁放在铜编织线上加热焊点，待焊点上的焊锡熔化后被铜编织线吸去。如焊点上焊料一次未吸完，则可进行第二、三次，直至吸完。当编织线吸满焊料后，就不能再用，需将吸满焊料的部分剪去。

　　（4）用气囊吸锡器进行拆焊。将被拆焊点加热使焊料熔化，把气囊吸锡器挤瘪，将吸嘴对准熔化的锡料，然后放松吸锡器，焊料就被吸进吸锡器内，如图1-30所示。

　　（5）用专用拆焊电烙铁头拆焊。如图1-31所示是专用拆焊电烙铁头，它能一次完成多引脚元器件的拆焊，且不易损坏印制电路板及其周围元器件。这种拆焊方法对集成电路、中频变压器等拆焊很有效。在用专用拆焊烙铁进行拆焊时，应注意加热时间不能过长，当焊料熔化时，立即拿开专用烙铁并立即取下元器件，以防焊盘脱落。

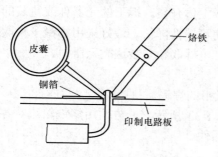

图 1-30　用气囊吸锡器拆焊

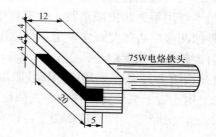

图 1-31　专用拆焊电烙铁头

（6）用吸锡电烙铁拆焊。吸锡电烙铁（形状如图 1-8 和图 1-9 所示）是一种专用拆焊电烙铁，它能在对焊点加热同时，把锡吸入内腔，从而完成拆焊。

（7）用热风拆焊台进行拆焊。热风拆焊台如前述内容中图 1-7 所示。它既可以作为焊接工具也可作为拆焊工具。热风拆焊台适用于大多数表面贴装零件拆焊，可安全拆焊 QFP、PLCC、SOP、BGA 等对温度敏感的多引脚元器件。

热风拆焊台的功能特点如下。

1）使用传感器闭合回路控温、升温迅速、定温容易、温度稳定。

2）使用防静电方案，防止因静电及漏电而损坏电子元器件。

3）热风拆焊台使用进口发热丝，使用寿命长。

4）使用低振动、无噪声气泵，保持运作环境的清静。

5）使用 LED 显示指示温度、控温精确、使操作更方便容易。

6）智能冷却系统，运作完毕关机后延时送风，风温低于 100℃ 后自动切断电源。

拆焊是一件细致的工作，不能马虎从事，否则将造成元器件损坏或印制导线的断裂及焊盘脱落等不应有的故障产生。为保证拆焊顺利进行，应注意以下两点。

第一，烙铁头加热被拆焊点时，焊料一熔化，就应及时按垂直印制电路板方向拔出元器件的引线，不论元器件安装位置如何，是否容易取出，都不要强拉或扭转元器件，以免损伤印制电路板或其他元器件。

第二，当插装新元器件之前，必须把焊盘插线孔中的焊锡清除，以便插装需更换元器件引脚及焊接。其方法：用电烙铁对焊盘加热，待锡熔化时，用一直径略小于插线孔的缝衣针或办公用的大头针，插穿插线孔即可。

2. 微型贴片元器件的拆装

各种微型贴片固定电阻器、电容器和二极管、三极管等元件被广泛应用于各种小型化的电子设备与家用电器中。在维修时，常常需要拆焊或替换此类元器件。这类元器件体积很小，以 RD 系列引线片式稳压二极管为例。其长度为 3.5mm，ϕ1.5mm，电极长度仅为 0.4mm。拆焊此类元器件与一般元器件相比有一些特殊的方法和技巧。

在工厂生产时，不论是采用自动化安装还是人工安装方法，都是严格按照以下步骤进行：点胶—贴片—热固化—焊接的工艺顺序，大密度地贴焊在印制电路板的焊盘上。因此，在维修拆取或安装时，应采用 25W 左右的烙铁，其烙铁头尖端体形要小，且尖端温度应能保持在 240℃ 左右，最好采用恒温式电烙铁。

拆取或焊接时，不能用烙铁对这类元器件的任何一个部位长时间加热和直接触及电极，更不允许用力推压这类元器件，以免发生电极移位或主体开裂。拆下的元器件或待装的元器件尽量不要用手去触摸或拿取，以避免电极氧化，使可焊性降低。最好采用小镊子夹取这类元器件的两极中心部位，实现等电位拿取。不允许带电拆取和安装这类元器件。

（1）轮流加热拆取法。

1）按图 1-32 所示，用编织铜线吸取各电极焊盘上的焊锡。

2）用小镊子夹住元器件的中央部位，并参照图 1-33 所示。一方面用烙铁轮流对各端子焊盘加热，另一方面轻轻转动镊子，便可拆下该元器件。

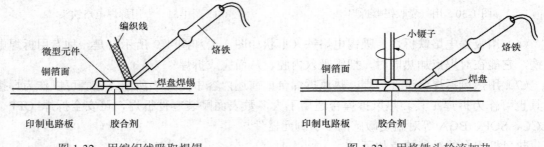

图 1-32　用编织线吸取焊锡　　　　　　　图 1-33　用烙铁头轮流加热

（2）专用工具拆取法。这种方法是使用更换专用或自制的烙铁头，如图 1-34 所示，用烙铁对元器件各电极焊盘施行同时加热。待焊盘锡熔化时，用镊子夹住元器件中部轻转，便可拆除。

（3）被更换元件安装方法。

1）如图 1-35 所示，在需要放置这类元器件位置的各焊盘处，浸焊上一层薄锡。

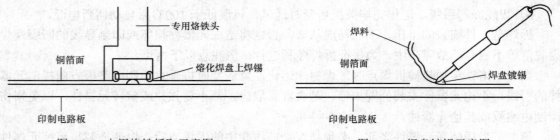

图 1-34　专用烙铁拆取示意图　　　　　　图 1-35　焊盘镀锡示意图

2）用镊子夹起元器件的电极部位，并参照图 1-36 所示，将它摆放在已浸好锡的焊盘上，然后焊接其两端电极的焊盘，即可焊牢。对于圆柱型（空腔式）电容器，绝不能有焊料塞住两侧，以防改变电容值。

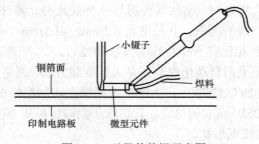

图 1-36　元器件装焊示意图

任务 1.4 工业生产自动化焊接认识

 【任务目标】

- 了解浸焊原理、焊接工艺及设备
- 了解波峰焊原理、焊接工艺及设备
- 了解贴片元件的回流焊原理、焊接工艺及设备

手工焊接只适用小批量生产和维修，而对大批量生产、质量标准要求较高的电子产品或电气产品的电子线路生产就需采用自动化焊接系统，尤其是集成电路、超小型的元器件、复合电路的焊接、通过自动化焊接加工，才能保证焊接质量，提高产品的稳定性可靠性，保证产品质量。

随着电子产品的大批量生产，手工采用烙铁工具逐点焊接 PCB 上引脚焊点的方法，再也不能适应市场要求、生产效率与产品质量。于是就逐步发明了半自动/全自动群焊设备与全自动焊接机。全自动焊接机最早出现在日本，作为黑白/彩色电视机的主要生产设备。20 世纪 80 年代起引进国内，先后有浸焊机、单波峰焊机等。20 世纪 80 年代中期起贴插混装的 SMT 技术迅速发展，又出现了双波峰焊机。从焊接技术上讲，这些浸焊、单波峰焊、双波峰焊等都属于流动焊接范畴，都是熔融流动液态的焊料与待焊件作相对运动，并使之润湿而实现焊接。

与手工焊接技术相比，全自动流动焊接技术明显地拥有以下优点：节省电能，节省人力，提高效率，降低成本，提高了外观质量与可靠性，克服人为影响因素，可以完成手工无法完成的工作。

1.4.1 浸焊

1. 浸焊原理

浸焊是将插装好元器件的电子线路板浸入有熔融状焊料的锡锅内，依次完成线路板上所有焊点的焊接。浸焊技术有利于提高电子产品的生产效率，是最早应用在线路板批量生产中的焊接技术。浸焊比手工焊接效率高，操作简单，适于批量生产，而且可消除漏焊的现象。浸焊有手工浸焊和机器自动浸焊两种形式。

2. 浸焊的种类及操作

（1）手工浸焊操作。

1）锡锅加热。浸焊前先将装有焊料的锡锅加热，焊接温度控制在 240～260℃为宜。温度过高会造成印制板变形，损坏元器件；温度过低，焊料的流动性变差，会影响焊接质量。为去掉焊锡表面的氧化层，可随时添加松香等焊剂。

2）涂敷焊剂。在需要焊接的焊盘上涂一层助焊剂，一般是在松香酒精溶液中浸一下。

3）浸焊用简单夹具夹住印制板的边缘，浸入锡锅时让印制板与锡锅内的锡液成 30°～45°的倾角，然后将印制板焊接面与锡液保持平行浸入锡锅内，浸入的深度以印制板厚度的 50%～70%为宜，浸焊时间 3～5s，浸焊完成后仍按原浸入的角度缓慢取出印制电路板，如图 1-37 所示。

　　4）冷却。焊接完成的印制板上有大量余热未散，若不及时冷却则可能会损坏印制板上的元器件，所以浸焊完毕后应马上对印制板进行风冷。

　　5）检查。检查焊接质量，如检查焊接后可能会出现的一些焊接缺陷。常见的缺陷包括虚焊、假焊、桥接、拉尖等。

　　6）修补焊点。浸焊后如果只有少数焊点有缺陷，则可用电烙铁进行手工修补。若有缺陷的焊点较多，则可重新浸焊一次。但印制板只能浸焊两次，若超过两次，则印制板铜箔的黏结强度将会急剧下降，或使印制板翘曲、变形，元器件性能变坏。

　　（2）机器浸焊操作。除手工浸焊外，还可使用机器设备浸焊。自动浸焊机是最早出现的连续进行生产作业的自动焊接设备。将已插有元器件的待焊 PCB 由传送带送到工位时，焊料槽自动上升，待焊板上的元器件引脚与 PCB 焊盘完全浸入焊料槽，保持足够的时间后，焊料槽下降，脱离焊料，冷却形成焊点完成焊接。由于 PCB 连续传输，在浸入焊料槽的同时，拖拉一段时间与距离，这种引脚焊盘与焊料的相对运动，有利于排除空气与助焊剂挥发气体，增加湿润作用。焊接示意图如图 1-38 所示。

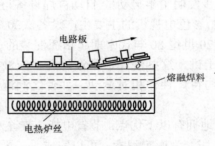

图 1-37　手工浸焊操作示意图

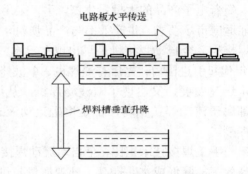

图 1-38　自动浸焊工作示意图

机器浸焊的焊接工艺流程如下。

1）将插装好元器件的印制板装上专用夹具，放入自动导轨。

2）喷涂助焊剂。

3）加热烘干。

4）焊接，焊接过程为锡锅焊接时印制板沿导轨以 15°倾角进入，焊料温度控制在 250℃左右，印制板经过锡锅的行程为 3s，然后以 15°倾角离开锡锅。

5）切除元器件的引线。

6）吹风机冷却。

7）从夹具上取下印制电路板完成整个焊接过程。

　　自动浸焊机浸焊时有时也采取二次浸焊工艺，就是在第一次浸焊后为一次焊接，经切脚机（也称平头机）的高速刀片切割去多余引脚，再经第二次浸焊完成自动作业。

　　自动浸焊的优点：结构简单，由温度、时间与浸入深度三个因素控制焊料，由焊盘大小、引脚粗细、可焊面积形成焊点。如果 PCB 设计、焊盘引脚可焊性、工艺参数控制几方面因素配合得当，焊接质量是能保证的，这种焊接方法从 20 世纪 80 年代中期开始广泛应用。

　　自动浸焊的缺点是焊料槽表面与空气作用易形成氧化渣，不及时刮除会严重影响焊点质量。因此，每浸焊一片 PCB 的间隔中，必须刮去表面氧化渣，浪费量大。另外还存在 PCB 热冲击大易变形翘曲等缺点。

3．浸焊注意事项

（1）锡锅温度应控制在所要求的范围之内，不能过高或过低。温度过低，则焊锡流动性差，并会使焊点浸润不均匀；温度过高，则会引起印制板变形，铜箔翘起。

（2）印制板浸入前，必须用一个带绝缘把手的铅片把浮渣刮干净，在浸焊过程中，应视实际情况不时地清渣，以保证焊接质量。

（3）浸焊只适用于细引线元件，对粗引线元件浸焊时间可能不够，因此对于粗引脚元件可用手工焊接。

（4）对于那些尚未安装元器件的安装孔，应贴上胶带，以免焊锡填入孔中。

1.4.2 波峰焊

目前工业生产中使用较多的焊接系统为波峰焊机，它适用于大面积、大批量印制电路板的焊接。

1．波峰焊机的组成

波峰焊机由传送装置、涂助焊剂装置、预热器、锡波喷嘴、锡缸、冷却风扇等组成。其焊接过程及各部分之间的关系如图 1-39 所示。

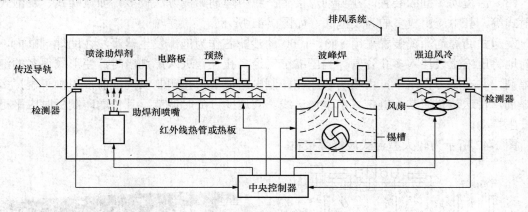

图 1-39 波峰焊焊接原理全过程

（1）产生焊料波的装置。焊料波的产生主要依靠喷嘴，喷嘴向外喷焊料的动力源是机械泵或是电流和磁场产生的洛仑兹力。焊料从焊料槽向上打入装有分流用挡板的喷射室，然后从喷嘴中喷出。焊料到达其顶点后，又沿喷室外边的斜面流回焊料槽中。

由于波峰焊的种类较多，其焊料波峰的形状又有所不同，常用的为单向波峰和双向波峰。焊料向一个方向流动且与印制板移动方向相反的称单向波峰，如图 1-40（a）所示。向两个方向流动的称双向波峰，如图 1-40（b）所示。

锡缸（焊料槽）由金属材料制成，这种金属不易被焊料所湿润，且不溶解于焊料，其形状因机型不同而有所不同。

（2）预热装置。预热器可分为热风型与辐射型。热风型预热器主要由加热器与鼓风机组成。鼓风机把加热器产生热量吹向印制电路板，使印制板加热到预定温度。辐射型主要靠热板辐射热量，使印制电路板加热到预定温度。

　　预热的一个作用是将助焊剂加热到活化温度，将焊剂中酸性活化剂分解，然后与氧化膜起反应，使印制板与焊件上的氧化膜被清除。另一个作用是减小半导体管、集成电路因受热冲击而损坏的可能性（骤然变热使半导体器件易损坏），同时还有使印刷电路板减小经波峰焊后产生变形，且使焊点光滑发亮的作用。

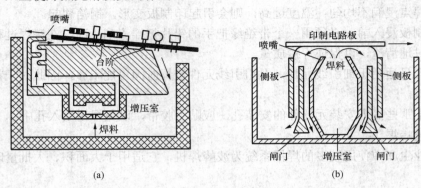

图 1-40　单向波峰焊及双向波峰焊

(a) 单向波峰焊；(b) 双向波峰焊

　　（3）涂覆助焊剂的装置。在自动焊接生产线中焊剂涂覆方法较多，如波峰式、发泡式、喷射式等，其中应用较多的为发泡式，如图 1-41 所示。

　　发泡式助焊剂涂覆装置采用 800～1000 的沙滤芯作为泡沫发生器浸没在助焊剂缸内，且不断地将压缩空气注入多孔瓷管。当压缩空气经多孔瓷管进入焊剂槽时，便形成很多的泡沫助焊剂，并在压力作用下，由喷嘴喷涂在印制电路板上。在印制板离缸前，用刷子刷掉多余的焊剂，传送装置通常为链带式水平输送线。其速度可随时调节，且传送印制板时应平稳，不产生抖动。

　　图 1-42 所示为较大型台式波峰焊接机。

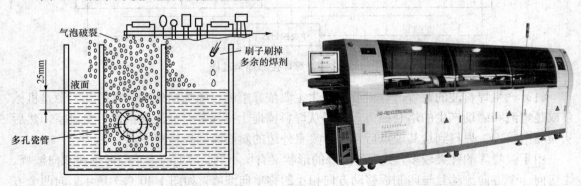

图 1-41　发泡式涂覆焊剂装置　　　　　　　　图 1-42　台式波峰焊接机

2. 波峰焊工艺流程

　　波峰焊一般工艺流程：插件印制板上夹具—预热—喷涂助焊剂—波峰焊—风冷—印制板切脚—残脚处理—从夹具上取下印制板。工作流程图如图 1-43 所示。一般情况下，预热温度为 60～80℃。波峰焊温度为 240～245℃，并要求锡峰高于铜箔面 1.5～2mm。焊接时间为 3s 左右。切脚工艺是用切脚机对元器件引线脚切除，残脚处理是通过清除器的毛刷对残脚进行清除。最后通过自动卸板机把印制电路板送往硬件装配线。

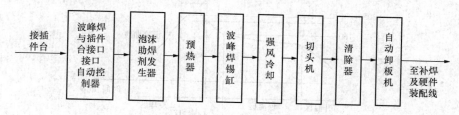

图 1-43　波峰焊流程图

1.4.3　贴片元件的回流焊接

"回流焊"（Reflow Soldring）是通过重新熔化预先分配到印制板焊盘上的膏状软钎焊料，实现表面组装元器件焊端或引脚与 PCB 焊盘之间机械与电气连接的软钎焊。　回流焊机又称"再流焊机"（Reflow Machine），它是通过提供一种加热环境，使胶状的焊剂（锡膏）受热融化从而让表面贴装元器件和 PCB 焊盘通过焊锡膏合金可靠地结合在一起的设备。回流焊是靠热气流对焊点的作用，在一定的高温气流下进行物理反应实现 SMC/SMD 的焊接；因为是气体在焊机内循环流动产生高温达到焊接目的，所以称"回流焊"。

1. 回流焊的焊接原理

当 PCB 进入升温区（干燥区）时，焊膏中的溶剂、气体蒸发，同时，焊膏中的助焊剂润湿焊盘、元器件端头和引脚，焊膏软化、塌落、覆盖了焊盘、元器件端头和引脚与氧气隔离；PCB 进入保温区时，PCB 和元器件得到充分的预热，以防 PCB 突然进入焊接高温区而损坏PCB 和元器件；当 PCB 进入焊接区时，温度迅速上升使焊膏达到熔化状态，液态焊锡对 PCB的焊盘、元器件端头和引脚润湿、扩散、漫流或回流混合形成焊锡接点；PCB 进入冷却区，使焊点凝固。完成回流焊接。

2. 回流焊的最简单工艺流程

回流焊的最简单的流程：丝印焊膏—贴片—回流焊—清洗，其简单流程如图 1-44 所示。其核心是丝印的准确，回流焊是要控制温度上升和最高温度及下降温度曲线。焊接温度曲线可根据使用焊料种类来进行灵活设定，如图 1-45 所示焊膏为 Sn63/Pb37，熔点 183℃所设定的焊接温度曲线。

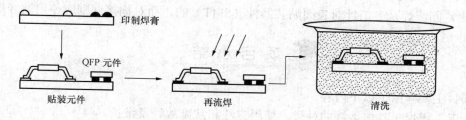

图 1-44　回流焊工艺流程图

回流焊根据技术的发展分为：气相回流焊、红外回流焊、远红外回流焊。红外线辐射加热再流焊示意图如图 1-46 所示。热传导加热再流焊示意图如图 1-47 所示。

目前比较流行和实用的大多是远红外回流焊、红外加热风回流焊和全热风回流焊。根据形状可以分为台式回流焊炉和立式回流焊炉。

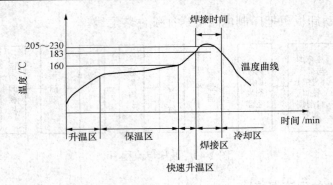

图 1-45　回流焊焊接温度变化曲线

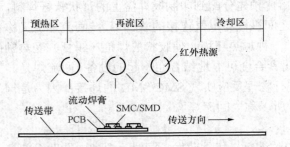

图 1-46　红外热辐射加热再流焊示意图

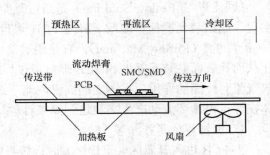

图 1-47　热板传导加热再流焊示意图

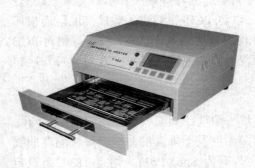

图 1-48　小型台式回流焊机（炉）

3. 回流焊焊接设备

（1）台式回流焊炉。台式小型回流焊机（炉）如图 1-48 所示。台式设备适合中小批量的 PCB 组装生产，性能稳定、价格经济，中小型企业使用较多。

（2）立式回流焊炉。立式设备型号较多，适合各种不同需求用户的 PCB 组装生产。设备有高、中、低、档，性能也相差较多，价格也高低不等。研究所、知名大企业用得较多。

回流焊与波峰焊是对应的，都是将元器件焊接到 PCB 上，回流焊是专门针对表面贴装器件（SMT）的，而对插接件则应使用波峰焊。

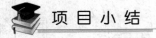

项 目 小 结

本项目主要介绍了以下内容。

（1）手工锡焊工具电烙铁的种类、使用方法和常见故障及维护。

（2）锡焊所用焊料、焊剂的特性，作用以及使用注意事项。

（3）手工锡焊工艺，包括手工锡焊机理，手工锡焊操作要领，焊接质量的检查方法、焊接缺陷产生原因及处理，电子产品和电子制作的手工焊接工艺，拆焊方法及技巧等。

（4）几种典型的工业锡焊原理、焊接工艺及焊接机器设备。

项目训练（手工锡焊实操训练）

1. 焊接材料准备

（1）网孔电路板。选用万能网孔电路板，以增加焊接点位数。

（2）焊料。选用直径 0.8mm 的铅锡合金焊丝（Sn63%、Pb37%）。

（3）焊剂。选用固态松香块。

（4）焊件。用直径 0.5mm 左右的铜线代替电子元器件引脚，以降低训练成本。

（5）焊接工具。使用 20W 内热式电烙铁、剪线钳、尖嘴钳、镊子。

2. 焊接训练工艺

（1）锡焊方法。手工锡焊训练时采用送锡法操作进行训练。

（2）工艺过程。

1）元器件引脚准备。将已截成一定长度的塑料铜绞合线段内铜丝抽出（用尖嘴钳的尖头从铜线一端将其顶出一段，再用尖嘴钳夹住将其拔出），把抽出的铜丝弯成 U 形状，如图 1-49 所示。

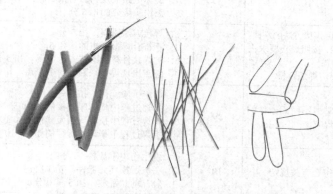

图 1-49 焊件引脚准备示意图

2）预焊。将弯成 U 形状铜丝的两个线头按照导线镀锡工艺搪锡 5～10mm 备用。

3）焊接准备。将经过搪锡的 U 形状铜丝依次插入网孔电路板的插孔中成整齐的一排。线头露出板面需 2～3mm，如图 1-50 所示。

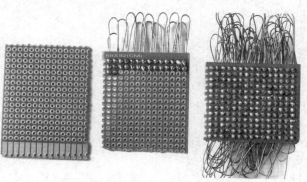

图 1-50 手工锡焊训练工艺过程示意图

4）焊接。用送锡焊接法将已插好的引脚一次顺序焊完。重复过程3）、4）直至将整块板焊完。

5）反复练习，掌握操作技巧，熟练掌握手工锡焊焊接工艺及方法。

◉ 项 目 考 核

手工锡焊考核表见表1-2。

表1-2　　　　　　　　　　　　手 工 锡 焊 考 核 表

姓名		学号		指导老师		得分	
额定工时		起止时间		时　分至　时　分		实际用时间	

序号	考核内容 考核要求		配分	评分标准	扣分	得分
1	电烙铁的正确使用	能正确地使用电烙铁	10	1. 电烙铁没有上锡扣5分； 2. 电烙铁的握法错误扣5分； 3. 随便乱放电烙铁扣5分； 4. 烫坏电路板及物品的扣5分； 5. 烙铁头烧死的扣5分		
2	实际焊接操作，整齐排列20个焊点	1. 焊接方法的掌握； 2. 按照焊接要求去操作； 3. 焊点合格	50	1. 焊接方法错误，扣5分； 2. 不符合焊接要求的，扣5分； 3. 被焊接件排列不整齐、美观，扣5分； 4. 焊点出现焊接缺陷每一个焊点，扣5分		
3	元器件拆焊	掌握不同元器件的拆焊方法	20	1. 不能拆除元件，扣5~15分； 2. 拆焊过程中损坏印制板的扣10分； 3. 拆焊过程中损坏周围元器件的扣10分； 4. 拆焊过程中损坏被拆件的扣5~10分		
4	安全文明	符合有关规定	10	1. 发生伤害事故扣10分； 2. 丢失、损坏元器件，扣10分； 3. 物品随意乱放，扣5~10分		
5	操作时间	在规定时间内完成	10	每超2min扣5分		

训练项目 2　常用电子元器件认知

元器件是组成电路、构成产品的最基本单位。而常用的电子元器件主要有电阻器、电容器、电感器及各类半导体器件（如二极管、三极管、各类集成电路等）。随着生产的发展，高新技术的进步，各类电子元器件也不断更新与出现，因此必须要正确地识别和掌握常用电子元器件的认知方法。

在这里，重点学习最常用的电子元器件的主要性能、规格和标志方法，以及正确识别、检测和选用元器件等基本知识与技能。

任务 2.1　电阻器与电位器的认知

【任务目标】

- 掌握电阻器的分类及我国关于电阻器型号命名方法
- 了解其他类特殊电阻器的种类及应用
- 掌握描述电阻器的主要技术参数
- 掌握电阻器阻值的标注方法，重点掌握色环电阻的识读技巧
- 掌握电位器的种类、结构、型号、主要参数的标注方法
- 掌握固定电阻、可调电阻的检测方法

电阻器与电位器是电子电路中应用最广泛的一种，在电子设备中约占元件总数的 30%以上，它们种类繁多，形状各异，其功率大小也各有不同。电阻器的主要用途是稳定和调节电路中的电流和电压，其次还可作为分流器、分压器和消耗电能的负载。也可与电容器和电感器等元件组成特殊功能电路。

2.1.1　电阻器的分类

电阻器的种类有很多，通常分为固定电阻和可调电阻两大类。

1. 固定电阻

在电子产品中，以固定电阻应用最多。固定电阻又可分成普通固定电阻和特种电阻两类。而普通固定电阻以其制造材料又可分为好多类，但常用、常见的有 RT 型碳膜电阻、RJ 型金属膜电阻、RY 型金属氧化膜电阻和 RX 型线绕电阻，还有近年来发展非常快且广泛应用的片状电阻。固定式电阻器文字符号常用字母"R"表示。特种电阻主要有敏感类电阻（热敏电阻、压敏电阻、光敏电阻、湿敏电阻、磁敏电阻等）及保险电阻等。其分类如图 2-1 所示。

2. 可调电阻

可调电阻可分为电位器和预调电阻（有时也称微调电阻）两大类，电位器主要用于阻值需要用户经常调节的电路，而预调电阻是电子产品生产厂家在调试产品电路参数时使用，一经调好以后不需要使用者进行调节。电位器常用文字符号"RP"表示。常用的可调电阻按电

阻体材料可分为薄膜型和线绕两种。薄膜又可分为 WTX 型小型碳膜电位器、WTH 型合成碳膜电位器、WS 型有机实芯电位器、WHJ 型精密合成膜电位器和 WHD 型多圈合成膜电位器等。而线绕电位器的代号为 WX 型。按引出线形式的不同，电阻器又可分为轴向引线型、径向引线型、同向引线型及无引线型等。

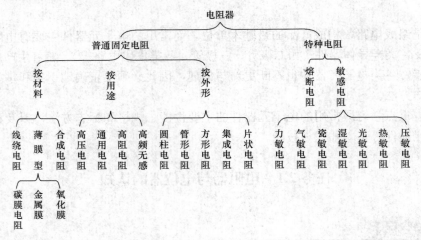

图 2-1　固定式电阻器的分类

常用固定电阻器名称、实物外形、结构特点与应用见表 2-1。

表 2-1　　　　　　　　　常用电阻器外形、结构、特点与应用

名　称		实物外形举例	结　构	特点与应用
固定电阻器	碳膜电阻		陶瓷管架上高温沉积碳氢化合物电阻材料膜，通过厚度和刻槽宽度控制阻值	较稳定，受电压和频率影响小，负温度系数，价廉。用于民用低档消费电子产品
	合成膜电阻		用碳黑、石墨填料及黏合剂涂覆在绝缘管架上经热聚合而成	宽阻值范围，耐压可达 35kV，抗湿性差，噪声大，稳定性差。应用于高压电器
	实芯电阻		用碳黑、石墨填料及黏合剂混合热压而成实芯	机械强度高，过载能力强，噪声高，分布参数大，稳定性差。主要用于电力、电子等高压大电流领域
	金属膜电阻		陶瓷管架上用真空蒸发或浇渗法形成金属膜（镍铬合金）	耐热，稳定性及湿度系数均优于碳膜，体积小，精度可达 0.5%～0.05%。应用于要求较高的电子产品

续表

名　称		实物外形举例	结　构	特点与应用
固定电阻器	金属氧化膜电阻		金属盐溶液（$SnCl_4$和$SbCl_3$）在陶瓷管架上水解沉积成膜而成	抗氧化性和热稳定性优于金属膜，阻值范围小。 用于补充金属膜电阻大功率及低阻部分
	化学沉积膜电阻		用单纯的化学反应在绝缘基体（需经活化处理）上沉积一层电阻膜而制成的	优点生产效率高、设备简单，可以沉积任何形状的基体。但重复性差，薄膜易受潮气和电解腐蚀的影响，所以需要外加可靠的保护层
	玻璃釉电阻		由贵金属银、钯、铑、钌等的氧化物和玻璃彩釉黏合剂涂覆在陶瓷基体上高温烧结而成	耐高温、宽阻值、温度系数小，耐湿性好。 主要用于高阻、低温度系数场合
	水泥电阻		合金丝（康铜、锰铜或镍铬合金）绕在瓷管架上，表面涂覆保护漆或玻璃釉	低噪声，高线性度，温度系数小，稳定精度可达 0.01%，工作温度可达315℃。 应用于大功率，高稳定性，高温工作场合
	被釉线绕电阻		属线绕电阻种类，采用玻璃釉覆盖，能有效保护电阻丝不被氧化，延长使用寿命	具有低噪声、耐热、稳定性能好，有利于提高环境变化的稳定性。用于电梯、焊机、变压器等供电设备
	排电阻		电阻排内是将所有电阻的一端接在一起，用一只有标记的引脚引出，其余端子各自独立引出	组成电阻的标称阻值误差，及温度系数具有相对的一致性。 特别适用于有精密分压，分流等技术要求的电子电路
	表面安装电阻		将镍铬为主要成分的合金箔，粘贴在 AL_2O_3 陶瓷基片上，通过光刻工艺，加工成预定电阻栅条图形，经分割成单只电阻芯片后组合完成	具备高稳定性、高精度的电阻网络，具有极低的温度系数特性。其组成电阻的标称阻值偏差，及温度系数偏差具有相对的一致性。 特别适用于有精密分压，分流等技术要求的电子电路
	功率厚膜电阻		采用厚膜工艺，以铜板做散热器，温度系数优于100PPM，阻值范围宽，可以加工成多种式样，功率大，代替大功率线绕电阻使用	广泛用于工业焊接机、测试设备、UPS、汽车及基站系统，以及终端产品中的电源稳压器、电流感应、电源转换、高速开关、射频、脉冲生成、负载电阻、缓冲器、脉冲处理电路及放大器等领域

续表

名　称	实物外形举例	结　构	特点与应用
固定电阻器 贴片电阻		高精密贴片电阻器抗蚀薄膜 PR 系列，具有特殊抗酸抗湿的镍铬皮膜 TaN 和 Ni/Cr 真空镀膜	具有非常小的公差精度±0.1%，最低温度系数为±25PPM/℃。 常应用于自动化设备，医疗设备，通信设备，自动控制设备及高科技多媒体电子设备等
精密采样电阻		该电阻由精密合金制成	具有功率大，低阻值，电感低，安全可靠，具有高过载能力且容易焊接。 适用于电源等回路的限流、均流或取样检测
金属铝壳电阻		采用耐高温材料作为电阻基体，高绝缘不燃性填充料灌封，与电阻基体电阻丝及金属外壳紧密结合	具有较高的稳固性和热传导性。 应用范围：变频器、起重、制动、电梯、船舶、电力系统、限流负载等电气设备
高压电阻器		柱状结构，引线焊接或标准螺柱安装。 体积小，重量轻，功率大	高阻值，电感低，高频特性好，安全可靠，具有高过载能力。 适用于交直流或脉冲电路及高压设备中，可代替真空兆（RH1）型电阻器，用于微小电流测量电路

2.1.2　普通电阻器的型号命名方法

根据 GB 7159—1987《电气技术中的文字符号制定通则》规定，电阻器的型号命名方法由四个部分确定含义的字母和数字组成。

第一部分用一个字母表示元件类型（主称）。例如：R 表示电阻器，RP 表示电位器。

第二部分用一个字母表示电阻器的品种（制造材料）。

第三部分用一个数字（少数用字母）表示电阻器的分类（特性类别）。

第四部分用一个数字表示序号，表示同类电阻器中不同的品种规格。

各部分组成的含义见表 2-2。

表 2-2　　　　　　　　　　　　　常用普通电阻器型号的含义

第一部分		第二部分		第三部分		第四部分
主称		电阻体材料		类型		序号
字母	含义	字母	含义	符号	产品类型	用数字表示
R	电阻器	T	碳膜	0	—	常用个位数或无数字表示： 表示同类产品中不同品种，以区分产品的外形尺寸和性能指标等
		H	合成膜	1	普通型	
		S	有机实芯	2	普通型	

续表

第一部分		第二部分		第三部分		第四部分
主称		电阻体材料		类型		序号
字母	含义	字母	含义	符号	产品类型	用数字表示
R	电阻器	N	无机实芯	3	超高频	常用个位数或无数字表示：表示同类产品中不同品种，以区分产品的外形尺寸和性能指标等
		J	金属膜	4	高阻	
		Y	氧化膜	5	高阻	
		C	化学沉积膜	6	—	
		I	玻璃釉	7	精密型	
		X	线绕	8	高压型	
		P	硼碳膜	9	特殊型	
		U	硅碳膜	G	高功率	
		M	压敏	W	预调	
		G	光敏	T	可调	
		R	热敏	D	多圈	

例如：RX27 是一个普通的线绕电阻器。首字母为 R 属于电阻器。第二部分标记了 X，属于线绕电阻器。第三部分标记 2，说明它是普通电阻器。

例如：RJ73——精密金属膜电阻器。

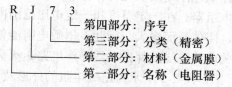

再如：按照以上规律，若型号为 RT11 的电阻，显然分属于普通碳膜电阻器。

2.1.3 特种电阻

1. 敏感电阻器

敏感电阻是指器件特性对温度、电压、湿度、光照、气体、磁场、压力等作用敏感的电阻器。敏感电阻的符号是在普通电阻的符号中加一斜线，并在旁标注敏感电阻的类型，如：热敏电阻 R_t（有时也用 t 或 θ 标注）、压敏电阻 R_v（有时也用 V 或 U 标注）等。敏感电阻的命名由四部分组成。

第一部分：M 敏感元件。

第二部分：类别。

第三部分：用途和特征。

第四部分：序号。

敏感电阻器型号由主称、类别、用途和特征、序号等部分组成，见表 2-3。

表 2-3　　　　　　　　　　　　　敏感电阻器分类用途和特征

第一部分		第二部分		第三部分		第四部分
主称		敏感类别		用途和特征		序号
字母	含义	字母	含义	符号	用途	用数字表示
M	敏感类电阻器	F	负温度系数热敏	1	普通用	表示同类产品中不同品种，以区分产品的外形尺寸和性能指标等
		Z	正温度系数热敏	2	稳压用	
		G	光敏材料	3	微波用	
		Y	压敏材料	4	旁热用	
		S	温敏材料	5	测温用	
		C	磁敏材料	6	控温用	
		L	力敏材料	7	消磁用	
		Q	气敏材料	8	线性用	
				9	恒温用	
				0	特殊型	
				G	高压保护用	
				L	防雷用	
				B	补偿用	
				P	高频用	

（1）压敏电阻（MY）。压敏电阻是用氧化锌作为主要材料制成的半导体陶瓷器件，是对电压变化非常敏感的非线性电阻器。在一定温度和一定电压范围内，当外加电压增大时，阻值减小；当外加电压减小时，阻值反而增大。因此，压敏电阻能使电路中的电压始终保持稳定，在电子线路中可用于开关电路、过压保护、消噪声电路、灭火花电路和吸收回路中。图 2-2 所示为压敏电阻电路符号图。图 2-3 所示为压敏电阻的外形及内部结构示意图。

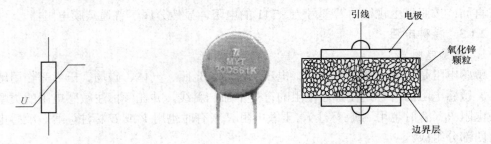

图 2-2　压敏电阻符号　　　　　　　　　　图 2-3　压敏电阻外形及内部结构

（2）热敏电阻。通常温度上升时电阻的阻值只有微小的变化（增大），而热敏电阻的阻值则随温度变化很大。例如电视机中的消磁电阻，如图 2-4 所示。温度增加时其电阻值也迅速增加，使流过其的电流迅速减小。这类随温度升高而阻值增加的热敏电阻称为正温度系数电阻器。另外有一种电阻当温度增加时其电阻值变小，这类随温度升高而阻值减小的热敏电阻称为负温度系数电阻器。这类电阻器主要在电路中用来补偿普通电阻阻值变大的影响，即普通电阻正温度系数和热敏电阻的负温度系数相抵消。热敏电阻常常在要求稳定性高的电路中使用，使电路不受温度变化的影响。热敏电阻常用"Rt"表示。目前使用较多的为负温度系数的热敏电阻，如图 2-5 所示。

图 2-4 消磁电阻外形

图 2-5 热敏电阻外形

（3）光敏电阻。光敏电阻是电导率随着光量力的变化而变化的电子元件，当某种物质受到光照时，载流子的浓度增加从而增加了电导率，这就是光电导效应。因此光敏电阻对光照强度的变化非常敏感，随着光照强度的增大，它的阻值相应减小。所以，光敏电阻可以用做光电传感器件，把光信号转换为电信号。目前，使用最多的（约占 90%以上）是硫化镉（CdS）光敏电阻，它对可见光敏感。为了提高硫化镉光敏电阻的光灵敏度，常在 CdS 中掺入少量的铜、银等"杂质"。常用光敏电阻有两种封装形式：一种是金属壳密封型，顶端有透光窗口；另一种是不带外壳的非密封型，顶部有曲线花纹状端面为受光面，其外形和电路符号如图 2-6 所示。

（4）湿敏电阻。湿敏电阻由感湿层、电极、绝缘体组成，常用的湿敏电阻有氯化锂湿敏电阻、硅湿敏电阻器、碳湿敏电阻，聚合物湿敏电阻。湿敏电阻常用来作为传感器，用于检测湿度。其外形如图 2-7 所示。例如早期磁带录像机中在磁鼓旁设置一个湿敏电阻，如果录像机内湿度过大时磁鼓就会结露。它的特点是湿度增加电阻值也会增加，当湿度从 50%上升到 90%，电阻值会从 3kΩ 上升到 40kΩ，利用这个特点可以将湿度变化转变成阻值的变化。

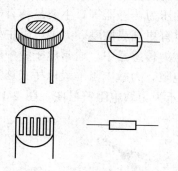

图 2-6 光敏电阻外形及电路符号

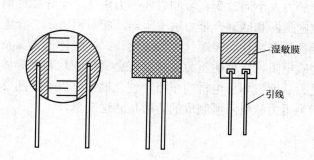

图 2-7 湿敏电阻器外形图

（5）磁敏电阻。磁敏电阻是利用半导体材料的磁电阻效应制成的。主要品种有锑化铟单晶磁敏电阻、锑化铟-锑化镍磁敏电阻等。由于半导体材料的电阻随着磁场的增大而增大，这种现象称为磁电阻效应，可用于磁场强度测量、频率测量等测量技术；也可用于运算技术、自动控制技术及信息处理技术等；还可用于制成无触点开关和可变的无接触电阻器等。

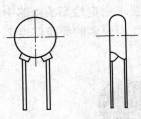

图 2-8　磁敏电阻外形图

磁敏电阻器是应用磁电效应能改变电阻器的阻值的原理制成的,外形图如图 2-8 所示。其阻值会随穿过它的磁通量密度的变化而变化。它的显著特点是,在弱磁场中阻值与磁场的关系呈平方率增加,并有很高的灵敏度。磁敏电阻器多为片形,外形尺寸较小,在室温下初始电阻值为 10～500Ω。磁敏电阻器的温度系数范围为 0～65℃。

(6) 气敏电阻。气敏电阻是一种新型半导体元件。它是利用某些半导体吸收某种气体后发生氧化还原反应现象制成,主要成分是金属氧化物,主要品种有金属氧化物气敏电阻、复合氧化物气敏电阻、陶瓷气敏电阻等。图 2-9 所示为用气敏电阻所制成的气敏传感器,图 2-10 所示为气敏传感器电路符号图。气敏电阻是利用金属氧化物半导体表面吸收某种气体分子时,会发生氧化反应或还原反应而使电阻值改变的特性而制成的电阻器。它可分为 N 型、P 型和结合型,N 型气敏电阻器是利用 N 型半导体材料制成的,P 型气敏电阻器是由 P 型半导体材料制成的。这种电阻器按结构又可分为直热式气敏电阻器(加热器已埋入气敏体内)和旁热式气敏电阻器(带有与气敏体绝缘的加热器)。

图 2-9　气敏传感器外形图

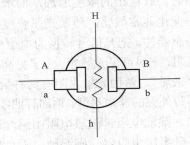

图 2-10　气敏传感器电路符号

(7) 力敏电阻。力敏电阻是一种阻值随压力变化而变化的电阻,国外称为压电电阻器。所谓压力电阻效应即半导体材料的电阻率随机械应力的变化而变化的一种效应,即电阻值随外加力大小而改变。可制成各种力矩计、半导体话筒和各种压力传感器等。主要品种有硅力敏电阻器和硒碲合金力敏电阻器,相对而言,合金电阻器具有更高灵敏度。力敏电阻主要用于各种张力计、转矩计、加速度计、半导体传声器及各种压力传感器中。通常电子秤中就有力敏电阻,常用的压力传感器有金属应变片和半导体力敏电阻。力敏电阻一般以桥式连接,受力后就破坏了电桥的平衡,使之输出电信号。图 2-11 所示为力敏电阻符号图,图 2-12 所示为用力敏电阻所制成的力敏传感送变器。

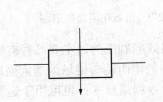

图 2-11　力敏电阻符号

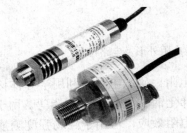

图 2-12　力敏电阻构成力敏传感送变器外形

2. 熔断电阻

熔断电阻器是一种具有电阻器和熔断器双重作用的特殊元件。其外形和符号如图 2-13 所示。它在电路中用字母"RF"或"R"表示。熔断电阻器可分为可恢复式熔断电阻器和一次性熔断电阻器两种。

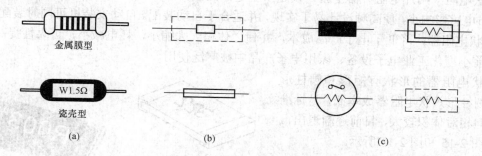

金属膜型　　　　(a)　　　　(b)　　　　(c)
瓷壳型

图 2-13　常用国内外熔断电阻的符号与外形图
（a）常用熔断电阻外形图；（b）国内熔断电阻符号图；（c）国外部分公司熔断电阻符号图

可恢复式熔断电阻器起固定电阻器作用。当电路出现过电流时，可恢复熔断电阻器的焊点首先熔化，使弹簧式金属丝（或弹性金属片）与电阻器断开。在排除电路故障后，按要求将电阻器与金属丝（或金属片）焊好，即可恢复正常使用。

一次性熔断电阻器也称不可恢复型熔断电阻器，它在电路正常工作时起固定电阻器作用，当其工作电流超过额定电流时，熔断电阻器将会像熔断器一样熔断，对电路进行保护，一次性熔断电阻器熔断后，无法实行修复，只能更换新的熔断电阻器。

常用的国产金属膜熔断电阻器有 RJ90-A、FJ90-B 系列和 RF10、RF11 系列。

3. 集成排电阻

集成排电阻器（简称排阻）是一种将按一定规律排列的分立电阻器集成在一起的组合型电阻器，也称集成电阻器或电阻器网络。排电阻器有单列式（SIP）和双列直插式（DIP）两种外形结构，内部电阻器的连接也有两种方式，如图 2-14 所示。

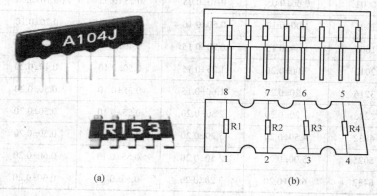

(a)　　　　(b)

图 2-14　集成电阻排外形及内部电路
（a）外形；（b）内部电路

排电阻的排列有多种形状。排电阻器具有体积小、安装方便的优点，广泛应用于各种电子电路中，与大规模集成电路（如 CPU 等）配合使用。

4. 片状电阻

片状电阻是金属玻璃铀电阻的一种形式，它的电阻体是高可靠的钌系列玻璃铀材料经过高温烧结而成，电极采用银钯合金浆料，具有体积小、精度高、稳定性好等诸多优点。

片状电阻（贴片电阻）器是新一代超小型电子元器件，占用很小的安装空间，受分布电容、分布电感影响小，使高频设计易于实现，并适合于自动装配。自动安装机可同时装配50～60 个片状电阻器，降低了电子产品成本，并使之体积大大缩小，耗电减小，可靠性提高，因而在目前小型化工业电子设备、家用电子产品中被广泛使用。

片状电阻器的形状有矩形和圆柱形两种。圆柱形片状电阻器成本低，是标准规格，但相对体积较大，目前逐渐退出市场，如图 2-15 和图 2-16 所示。

图 2-15　圆柱形贴片电阻器　　　　　　图 2-16　矩形片状贴片电阻器

矩形片状电阻很薄，适用于装置超薄形产品。有英制标注法和公制标注法两种。

（1）尺寸系列。贴片式电阻系列有九种尺寸，用两种尺寸代码来表示。4 位数字的前两位与后两位分别表示电阻的长与宽，EIA（美国电子工业协会）代码以英寸为单位。另一种是公制代码，其单位为 mm。这 9 种电阻封装尺寸见表 2-4。

表 2-4　　　　　　　　　　　　　贴片电阻的封装与尺寸

英制 （mil）	公制 （mm）	长（L） （mm）	宽（W） （mm）	高（t） （mm）	a（mm）	b（mm）
0201	0603	0.60±0.05	0.30±0.05	0.23±0.05	0.10±0.05	0.15±0.05
0402	1005	1.00±0.10	0.50±0.10	0.30±0.10	0.20±0.10	0.25±0.10
0603	1608	1.60±0.15	0.80±0.15	0.40±0.10	0.30±0.20	0.30±0.20
0805	2012	2.00±0.20	1.25±0.20	0.50±0.10	0.40±0.20	0.40±0.20
1206	3216	3.20±0.20	1.60±0.15	0.55±0.10	0.50±0.20	0.50±0.20
1210	3225	3.20±0.20	2.50±0.20	0.55±0.10	0.50±0.20	0.50±0.20
1812	4832	4.50±0.20	3.20±0.20	0.55±0.10	0.50±0.20	0.50±0.20
2010	5025	5.00±0.20	2.50±0.20	0.55±0.10	0.60±0.20	0.60±0.20
2512	6432	6.40±0.20	3.20±0.20	0.55±0.10	0.60±0.20	0.60±0.20

注　表中 a、b 是指贴片元件端部电极部分上、下宽度尺寸。

例如：3216 型，长 3.2mm、宽 1.6mm、厚 0.45～0.65mm。

（2）尺寸与功率。贴片式电阻的尺寸与功率大小有密切的对应关系，换句话说，尺寸越大对应的功率消耗也越大，见表 2-5。

表 2-5　　　　　　　　　　　　　贴片电阻的封装与功率关系

封　装		额定功率@70℃		最大工作电压（V）
英制（mil）	公制（mm）	常规功率系列	提升功率系列	
0201	0603	1/20W	—	25
0402	1005	1/16W	—	50
0603	1608	1/16W	1/10W	50
0805	2012	1/10W	1/8W	150
1206	3216	1/8W	1/4W	200
1210	3225	1/4W	1/3W	200
1812	4832	1/2W	—	200
2010	5025	1/2W	3/4W	200
2512	6432	1W	—	200

（3）阻值系列。E24 系列标称电阻阻值基数值见表 2-6。

表 2-6　　　　　　　　　贴片式电阻 E24 标称电阻阻值基数

100	110	120	130	150	160	180	200
220	240	270	330	360	390	430	470
510	560	620	680	750	820	910	

（4）贴片电阻上标注规则。

1）R 代表小数点位置并占一位有效数。

2）3 位数的标注：前两位代表有效数，后一位代表 10 的几次幂（有效数后零的个数）。

3）4 位数的标注：前三位代表有效数，后一位代表 10 的几次幂（有效数后零的个数）。

4）一些奇怪的标注（如：43C）需要查生产厂商的内部编码规则。

5）0201、0402 封装的贴片电阻由于面积太小，一般上面都不印字，0603 上面只印有 3 位数，0805 及以上印 3 位数的或者印有 4 位数。

（5）贴片电阻的命名方法。贴片电阻的命名方法见表 2-7 和表 2-8。

表 2-7　　　　　　　　　　　（国巨苏州）常规贴片电阻命名方法

主称	封装	精度	包装	温度系数	编带大小	阻值	终端类型
RC	XXXX	X	X	X	XX	XXXX	L
	0201 0402 0603 0805 1206 1210 1812 2010 2512	F=1% J=5%	R=纸编带	—=根据规格书	07=7 英寸 10=10 英寸 13=13 英寸	比如 5R6 56R 560R 56K 1M	L=无铅

比如：RC0402FR-0756RL—封装 0402，56Ω，1%，7 英寸编带，无铅产品。

表 2-8   （广东风华）常规贴片电阻命名方法

主称	额定功率	封装	温度系数	阻值 标识	精度	包装
R	X	XX	X	XXXX	X	X
	C=常规功率 S=提升功率	01=0201 02=0402 03=0603 05=0805 06=1206 1210=1210 1812=1812 10=2010 12=2512	W=200ppm U=400ppm K=100ppm L=250ppm	比如: 5R6 561 5601 562 1004	D=0.5% F=1% J=5%	T=编带包装 B=塑料盒包装 C=塑料袋散装

比如：RC03L5601FT—常规功率；封装 0603；无铅产品：5.6kΩ；精度 1%；编带包装。

2.1.4　电阻器的主要参数

电阻器的参数很多，主要有额定功率、标称阻值和允许误差（或称精度等级）、温度系数、极限工作电压、噪声电动势、高频特性等。要正确地选用、识别电阻器，就应该了解它的主要参数。在实际应用中，一般只考虑标称阻值、允许误差、额定功率。其他几项参数只有在特殊需要时才予以考虑。

1. 电阻器的额定功率

额定功率是指电阻器在规定的环境温度和湿度下，假设周围空气不流通，在长期连续工作而不损坏或基本不改变电阻器性能的情况下，电阻器上允许消耗的最大功率。功率的单位规定为瓦（W）。当超过其额定功率使用时，电阻器的阻值及性能将会发生变化，甚至发热、冒烟，以致烧毁。因此，一般选用电阻器的额定功率时要有余量，即选用比实际工作中消耗的功率大 1～2 倍的额定功率。

绕线电阻器的额定功率系列为 1/20、1/16、1/8、1/4、1/2、1、2、3、5、10、16、25、40、50、75、100、150、250、500W。

非绕线电阻器的额定功率系列为 1/20、1/16、1/8、1/4、1/2、1、2、5、10、25、50、100W。

在电路原理图中，1/20W 的电阻功率标注是在电阻符号方框内点 2 个黑色点；1/16W 的电阻功率标注是在电阻符号方框内点 1 个黑色点；1～10W 的电阻有时也用罗马数字标注；超过 10W 的用数字直接标注。用如图 2-17 所示的符号表示。

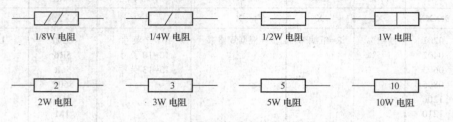

图 2-17　电阻器的功率符号表示法

电阻的功率大小与其几何尺寸大小密切相关，普通直插有引脚电阻不同额定功率下的几何尺寸见表 2-9。

表 2-9　　　　　　　　　　　电阻不同额定功率下的几何尺寸

电阻额定功率（W）	碳膜电阻（RT）		金膜电阻（RJ）	
	长度（mm）	直径（mm）	长度（mm）	直径（mm）
0.125	11	3.9	6～8	2～2.5
0.25	18.5	5.5	7～8.3	2.5～2.9
0.5	28.5	5.5	10.8	4.2
1	30.5	7.2	13	6.6
2	48.5	9.5	18.5	8.6

2．标称阻值

电阻器的标称阻值是指电阻器表面所标阻值。根据国家标准规定，电阻器的标准阻值应为表 2-10 所列数值的 10^n 倍，其中 n 为正整数、负整数或零。阻值的范围很广，可以从零点几欧姆到几十兆欧，但都必须符合标称阻值系列。

表 2-10　　　　　　　　　　　　电阻器标称阻值系列

系列	偏差	电 阻 标 称 值
E24	I 级（±5%）	1.0，1.1，1.2，1.3，1.5，1.6，1.8，2.0，2.2，2.4，2.7，3.0，3.3，3.6，3.9，4.3，4.7，5.0，5.1，5.6，6.2，6.8，7.2，7.5，8.2，9.1
E12	II 级（±10%）	1.0，1.2，1.5，1.8，2.2，2.7，3.3，3.9，4.7，5.1，5.6，6.8，8.2
E6	III 级（±20%）	1.0，1.5，2.2，3.3，4.7，6.8

以 E24 系列中的 1.5 为例，使用时，将标称阻值 1.5 乘以 10^{-1}、10^0、10^1、10^2…，一直到 10^n（n 为整数或负整数）就可以成为这一阻值系列，即 0.15Ω、1.5Ω、15Ω、150Ω…。

精密电阻器的标称阻值系列除了 E24 系列外，还有 E48、E96、E192 等系列。

标称阻值的表示方法有直标法、字母数字法、数字法和色标法。

（1）直标法。用数字和单位符号在电阻器表面标出型号、阻值、允许误差（功率大一点的电阻也标额定功率和生产日期），若电阻上未注偏差，则均为±20%，如图 2-18 所示。

电阻的符号用 R 表示，单位为欧姆、千欧、兆欧，分别用 Ω、$k\Omega$、$M\Omega$ 表示。通常，小于千欧姆的用 Ω 作单位；大于千欧的（$10^3\Omega$）用 $k\Omega$ 作单位；大于兆欧的（$10^6\Omega$）用 $M\Omega$ 作单位。

（2）字母数字法。字母（Ω、k、M）一方面代表基本单位，另一方面由两位数字和一个字母有规律的组合后，字母所在位置就是读数时小数点的位置。字母数字法里也有用英文字母"R"代表小数点位置的，同时也代表其单位为 Ω，如图 2-18（右下角那个）所示标志为 1k8 就是典型的字母数字标注。这种标注方法规律如下。

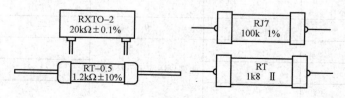

图 2-18　直标电阻的表示法

例如：Ω33 表示为 0.33Ω；

6k8 表示为 6.8kΩ；

5R6 表示为 5.6Ω。

（3）数字标注法。数字标注法一般是用 3 位数字表示电阻值的大小。其中前两位数字为有效值数字，第三位数字 n 为 10 的幂指数 10^n（即表示有效值数后有多少个 0）。单位为 Ω。

例如：102 表示为：$10×10^2=1000Ω=1kΩ$。

561 表示为：$56×10^1=560Ω$。

000 表示为：$00×10^0=0Ω$，它是贴片元件的短接线（有时也表示保险电阻）。

数字标注法主要用于贴片电阻器的标注上。需要指出的是贴片元件在标注时有时也采用 4 位数字标注，详见贴片电阻标注方法。

（4）色标法。指用不同颜色在电阻体表面标志主参数和技术性能的方法。

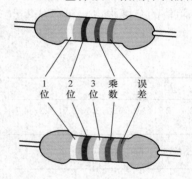

图 2-19　色环电阻标注法

色环电阻是电子电路中最常用的电子元件，采用色环来代表颜色和误差，可以保证电阻无论按什么方向安装都可以方便、清楚地看见色环。

固定电阻器的色环标志法有四环标注或五环标注两种方法。一般电阻器（往往用于碳膜电阻器和氧化膜电阻器）采用四色环标注，有两位有效数字；精密电阻器（往往用于金属膜电阻器）采用五色环法标注，有三位有效数字，如图 2-19 所示。

用不同颜色的色环组合后所标注的标称阻值和允许误差见表 2-11。

表 2-11　　　　　　　　　　　　　　　色环颜色所代表的含义

色环颜色	第一色环	第二色环	第三色环	第三（四）色环	第四（五）色环
	第一位数	第二位数	第三位数	倍率	误差
黑	—	0	0（绝大多数）	$×10^0$	—
棕	1	1	1	$×10^1$	±1%
红	2	2	2	$×10^2$	±2%
橙	3	3	3	$×10^3$	—
黄	4	4	4	$×10^4$	—
绿	5	5	5	$×10^5$	±0.5%
蓝	6	6	6	$×10^6$	±0.25%
紫	7	7	7	—	±0.1%
灰	8	8	8	—	—
白	9	9	9	—	—
金	—	—		$×10^{-1}$	±5%
银	—	—	此列只适应于五环电阻	$×10^{-2}$	±10%
无色	—	—			±20%

下面介绍色环电阻的分类方法。

色环电阻用色环来表示电阻的阻值和误差，普通的为四色环，高精密的用五色环表示，另外还有六色环表示的（此种产品只用于高科技产品且价格十分昂贵）。

1）四色环电阻。四色环电阻就是指用四条色环表示阻值的电阻，从左向右数，如图 2-19 中上面的电阻所示。第一道色环表示阻值的最大一位数字；第二道色环表示阻值的第二位数字；第三道色环表示阻值倍乘的数；第四道色环表示阻值允许的偏差（精度），我们看到最多的是金色，金色的误差为±5%。

对于四色环电阻，其阻值计算方法为

阻值=（第 1 色环数值×10+第 2 色环数值）×第 3 位色环代表之倍率数

例如：某个四色环电阻，第一环为红色（代表 2）、第二环为紫色（代表 7）、第三环为棕色（代表 1）、第四环为金色（代表±5%），那么这个电阻的阻值应该是（2×10+7）×10^1=270Ω，阻值的误差范围为±5%。

2）五色环电阻。五色环电阻就是指用五色环表示阻值的电阻，从左向右数，如图 2-19 中下面一个电阻所示。第一道色环表示阻值的最大一位数字；第二道色环表示阻值的第二位数字；第三道色环表示阻值的第三位数字；第四道色环表示阻值的倍率数；第五道色环表示误差范围。

五环电阻为精密电阻，前三环为有效数值，最后一环才是误差色环，在误差环上看到最多的是棕色，棕色的误差为±1%。另外偶尔还有以绿色来代表误差的，绿色的误差为±0.5%。精密电阻通常用于仪器仪表、军事、航天等领域。

对于五色环电阻，其阻值计算方法为

阻值=（第 1 色环数值×100+第 2 色环数值×10+第 3 位色环数值）×第 4 位色环代表之倍率数

例如：某个五色环电阻，第一环为红（代表 2）、第二环为红（代表 2）、第三环为黑（代表 0）、第四环为红（代表 2）、第五环为棕色（代表±1%），则其阻值为（2×100+2×10+0）×10^2=22kΩ，阻值的误差范围为±1%。

3）六色环电阻。六色环电阻就是指用六色环表示阻值的电阻，六色环电阻前五个色环与五色环电阻表示方法一样，第六色环表示该电阻的温度系数。

3．阻值误差

用不同颜色的色环表示电阻器的阻值并不完全与标称阻值相符，存在着误差。实际阻值与标称阻值的差值除以标称阻值所得的百分比就是阻值误差。

普通电阻的误差一般分为三级，即±5%、±10%、±20%，也可用Ⅰ、Ⅱ、Ⅲ表示，从表 2-11 中看出，对应误差等级也可以用英文字母 J、K、M 来表示。误差越小，表明电阻器的精度越高。阻值误差标志符号规定见表 2-12。

表 2-12　　　　　　　　　　　　阻值误差标志符号规定

对称偏差标志符号				不对称偏差标志符号	
允许偏差（%）	标志符号	允许偏差（%）	标志符号	允许偏差（%）	标志符号
±0.001	E	±0.5	D	+100　−10	R
±0.002	X	±1	F		

对称偏差标志符号				不对称偏差标志符号	
允许偏差（%）	标志符号	允许偏差（%）	标志符号	允许偏差（%）	标志符号
±0.005	Y	±2	G	+50　　−20	S
±0.01	H	±5	J		
±0.02	U	±10	K	+80　　−20	Z
±0.05	W	±20	M		
±0.1	B	±30	N	+不规定　−20	不标记
±0.2	C	—	—		

4. 温度系数

电阻器的电阻值随温度的变化略有改变。温度每变化 1℃所引起电阻值的相对变化称为电阻的温度系数。温度系数越大，电阻的稳定性越不好。

电阻的温度系数有正的（即阻值随温度的升高而增大），也有负的（即阻值随温度的升高而减小）。在一些电路中，电阻器的这一特性被用于温度补偿。

热敏电阻器的阻值是随着环境和电路工作温度变化而变化的。它有两种类型：一种是正温度系数型，另一种是负温度系数型。热敏电阻器可在电路中用于温度补偿和测量或调节温度。例如：MF11 型普通负温度系数热敏电阻器，可在半导体收音机和电视机电路中用于温度补偿，也可在温度测量和温度控制电路中用做感温元件。

2.1.5　色环电阻的识读技巧

色环电阻在电子设备中使用最多，因此必须熟练掌握色环电阻的读法。在识读色环电阻时，掌握一些技巧是会帮助大家记忆的。

（1）熟记第一、二环每种颜色所代表的数。可这样记忆：棕 1，红 2，橙 3，黄 4，绿 5，蓝 6，紫 7，灰 8，白 9，黑 0。这样连起来读，更容易记住。

另外推荐一个巧记的口诀：棕一红二橙是三，四黄五绿六为蓝，七紫八灰九对白，黑是零，金五银十表误差。

（2）从数量级来看，对于四色环电阻来说，可以把它们划分为三个大的等级范围，第 3 环颜色是非常重要的。即：金、黑、棕色是欧姆级的；红、橙、黄色是千欧级的；绿、蓝色则是兆欧级的，这样一划分记忆就更方便了。

对于某个电阻的阻值数量级，因为它代表着阻值范围，可重点关注第三环（指四环电阻）或第四环（指五环电阻）颜色，这一点是快速识读的关键。例如一个四环电阻，若第三环是红色，则其阻值即是整千欧的。其规律见表 2-13。

（3）当有效数色环的末环是黑色时，则倍率环颜色所代表的则是整数，即零点几、几、几十、几百、几千、几十千、几兆、几十兆欧姆等整数，这是读数时的特殊情况，要注意。

（4）记住误差环颜色所代表的误差，（最常用的误差颜色）即：棕色为±1%；金色为±5%；银色为±10%。

【例 2-1】 当四个色环依次是黄、橙、红、金色时，因第三环为红色、阻值范围是几点几千欧的，按照黄、橙两色分别代表的数 "4" 和 "3" 代入，则其读数为 4.3 kΩ。第四环是金色表示误差为±5%。

表 2-13		色环电阻倍率环颜色对应电阻值规律	
四环电阻（第三环颜色）		五环电阻（第四环颜色）	
银色	零点几欧姆	银色	几点几欧姆
金色	几点几欧姆	金色	几十几欧姆
黑色	几十几欧姆	黑色	几百几十几欧姆
棕色	几百几十欧姆	棕色	几点几千欧
红色	几点几千欧	红色	几十几千欧
橙色	几十几千欧	橙色	几百几十千欧
黄色	几百几十千欧	黄色	几点几兆欧
绿色	几点几兆欧	绿色	几十几兆欧
蓝色	几十几兆欧	—	—

【例 2-2】　当四个色环依次是棕、黑、橙、金色时，因第三环为橙色，第二环又是黑色，阻值应是整几十千欧的，按棕色代表的数"1"代入，读数为 $10\ \text{k}\Omega$。第四环是金色，其误差为±5%。

有些色环电阻的排列顺序不甚分明，往往容易读错，在识别时，可运用如下技巧加以判断。

技巧 1：先找标志误差的色环，从而排定色环顺序。最常用的表示电阻误差的颜色是：金、银、棕，尤其是金环和银环，由于是非有效数颜色，不会用做电阻色环的第一环。所以在电阻上只要有金环和银环，就可以认定这是色环电阻的最末一环。

技巧 2：棕色环是否是误差标志的判别。棕色环既常用做误差环，又常用做有效数字环，且常常在第一环和最末一环中同时出现，使人很难识别谁是第一环。在实践中，可以按照色环之间的间隔加以判别：比如对于一个五道色环的电阻而言，第五环和第四环之间的间隔比第一环和第二环之间的间隔要宽一些，据此可判定色环的排列顺序。

技巧 3：在仅靠色环间距还无法判定色环顺序的情况下，还可以利用电阻的生产序列值来加以判别。比如有一个电阻的色环读序是：棕、黑、黑、黄、棕，其值为：$100\times10^{4}\Omega=1\text{M}\Omega$，误差为±1%，属于正常的电阻系列值。若是反顺序读：棕、黄、黑、黑、棕，则其值为 $140\times10^{0}\Omega=140\Omega$，误差为±1%。显然按照后一种排序所读出的电阻值，在电阻的生产系列中是没有的，故后一种色环顺序是不对的。

2.1.6　电位器（可调电阻）

电位器，通常又称为可变电阻器或简称可变电阻，是一种具有三个端子，其中有两个固定接点与一个滑动接点，可经由滑动而改变滑动端与两个固定端间电阻值的电子零件，使用时可形成不同的分压比率，以改变滑动点的电位，因而得名。

1. 电位器的分类

电位器可分为有接触式、非接触式和数字电位器三大类。

非接触式电位器是一种新型元件，通过光或磁的传感方式取代通常电位器的机械结构，达到低噪声和长寿命的目的。

另外还有目前使用逐渐增多的电子电位器或称数字电位器，实际是数控模拟开关加一组电阻器构成的功能电路，仅借用"电位器"的名称而已。目前已有多种型号的数字电位器集成电路上市，其特性和应用与一般集成电路相同。

在这里主要来介绍接触类的电位器（可调电阻）。常用电位器分类如图 2-20 所示。

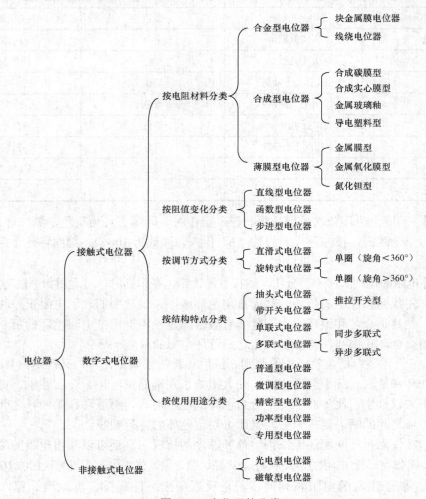

图 2-20　电位器的分类

2. 电位器的型号命名方法

电位器的型号命名由五部分组成。

第一部分表示电位器的主称，用字母"W"表示。

第二部分表示电位器电阻体选用的材料，用对应字母表示。电阻体材料的代表字母见表 2-14。

表 2-14　　　　　　　　　　　　电 位 器 命 名 方 法

第一部分		第二部分		第三部分		第四部分		第五部分
主称		电阻体材料		类别（用途或特征）		功率		序号
符号	意义	符号	意义	符号	意义	数字	功率	常用个位数或无数字表示
W	电位器	H	合成膜	J	单圈旋转精密类	0.25	0.25W	
		I	玻璃釉	D	多圈旋转精密类	0.5	0.5 W	

续表

第一部分		第二部分		第三部分		第四部分		第五部分
主称		电阻体材料		类别（用途或特征）		功率		序号
符号	意义	符号	意义	符号	意义	数字	功率	
W	电位器	J	金属膜	Z	直滑式低功率	1	1 W	表示同类产品中不同品种，以区分产品的外形尺寸和性能指标等
		N	无机实芯	M	直滑式精密类	1.5	1.5 W	
		G	沉积膜	P	旋转功率类	2	2 W	
		S	有机实芯	X	小型或旋转低功率类	2.5	2.5 W	
		T	碳膜	G	高压类	3	3 W	
		X	线绕	H	组合类	5	5 W	
		F	复合膜	W	微调、螺杆驱动预调类			
		Y	氧化膜	R	耐热类			
				T	特殊型			
				B	片式类			
				Y	旋转预调类			

第三部分表示电位器的类别，用字母表示。类别（用途或特征）的代表字母如表 2-14 所列。有的电位器第三部分用数字来表示功率或生产序号。

第四部分用数字来表示功率。

第五部分表示电位器的生产序号，用数字表示。

电位器的型号及命名方法见表 2-14。电位器的型号命名由四部分组成。

例如：

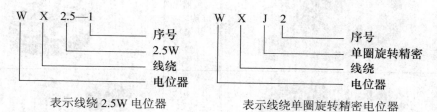

表示线绕 2.5W 电位器　　　　表示线绕单圈旋转精密电位器

常用的国产电位器的分类、型号如下。

线绕电位器：WXX、WX1、WX3、WXW1—1、WXJ2、WXJ4、WX—010.030.050、WX1.5—1、WXDJ—1、WX5—11。

实芯电位器：WS、WS5、WSW30。

合成碳膜电位器：WTH、WH5、WH7、WH9、WH15、WH17、WT、WT—1、WT—3、WTX—3、WHJ、WHJ—X、WHW、WH—20、WI。

3. 可调电阻品种介绍

电位器调整机构有旋转式和直滑式两种，其中旋转式使用得最多，旋转式又分为单圈、多圈结构。多圈式又称为精密调整电位器。从电阻体材料来看，主要有膜式和绕线式使用最多。电阻体为膜式结构的电位器内部调整结构示意图如图 2-21 所示。

几种常见的可调电阻（电位器）见表 2-15。

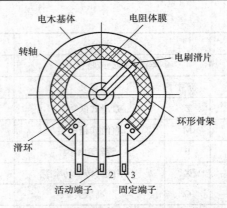

图 2-21　旋转膜式电位器内部结构图

表 2-15   常用可调电阻（电位器）外形

名　称	实物外形	名　称	实物外形
旋转式电位器		直滑式电位器	
带开关电位器（推拉开关）		带开关电位器（旋转开关）	
磁盘可调电阻（线绕）		预调电阻	
数字电位器		数字电位器亦称数控可编程电阻器，是一种代替传统机械电位器的新型 CMOS 数字、模拟混合信号处理的集成电路。数字电位器采用数控方式对电阻值进行调节，具有使用灵活、调节精度高、无触点、低噪声、不易污损、抗振动、抗干扰、体积小、寿命长等显著优点，可在许多领域取代机械电位器。 数字电位器已被广泛用于医疗保健设备、仪器仪表、通信设备、工业控制、家用电器、数码产品等各领域

4. 电位器的主要参数

电位器的参数除与电阻器的相同外还有如下一些参数。

阻值变化的形式，是指电位器阻值随转轴的旋转角度而变化的关系，变化规律有三种不同的形式，即直线式、指数式和对数式，如图 2-22 所示。

1）直线式（X）电位器。其阻值随旋转角度变化曲线为直线关系，这种电位器的旋转角度大小和阻值变化基本上成正比，可以认为是均匀变化的。它适用于分压、偏流的调整等。

2）指数式（Z）电位器。其阻值随旋转角度变

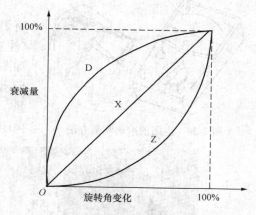

图 2-22　阻值与转角的变化关系曲线

化曲线为指数关系，这种电位器阻值变化一开始比较缓慢，以后随旋转角度的加大阻值变化逐渐加快。这种电位器适用于作音量控制。

3）对数式（D）电位器。其阻值随旋转角度变化曲线为对数关系，这种电位器阻值变化开始时较大，以后变化逐渐减慢。这种电位器适用于电视机的对比度调整及音量控制。

2.1.7　电阻器的检测经验

电阻的检测方法很多，可用欧姆表、电阻电桥和数字欧姆表直接测量，也可根据欧姆定律 $R=V/I$，通过测量流过电阻的电流 I 及电阻上的压降 V 来间接测量电阻值。当测量精度要求较高时，采用电阻电桥来测量电阻。电阻电桥有单臂电桥（惠斯登电桥）和双臂电桥（凯尔文电桥）两种。这里不作详细介绍。

1. 固定电阻器的检测

（1）用指针式万用表检测。

1）选择合适的量程。应根据被测电阻标称阻值的大小来选择量程。为了提高测量精度，由于欧姆挡刻度的非线性关系，它的中间较右的一段分度较精细，因此应使指针指示值尽可能地落到这一段位置，以使读数更准确。量程选好以后，首先必须进行"Ω"挡调零。具体

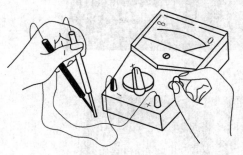

图 2-23　万用表电阻挡调零

做法：将两表笔短路，调整调零旋钮应使表针指在"Ω"挡的右侧零位时，调零结束。需要指出的是，每改换挡位时必须要调零一次，如图 2-23 所示。

测量时，将两表笔（不分正、负）分别与电阻的两端引脚相接即可测出实际电阻值。根据电阻误差等级不同，读数与标称阻值之间允许有±5%、±10%或±20%的误差。如读数超出误差范围，则说明该电阻器为不合格产品或已损坏。

2）注意：测试时，特别是在测几十千欧以上阻值的电阻时，手不要触及表笔和电阻的导电部分；在检测电路中的电阻时，应将其从电路板中取下来，或焊开其中一个头，以免电路中的其他元件对测试产生影响，造成误判或测量误差。色环电阻的阻值虽然能以色环标志来确定，但在使用时最好还是用万用表测试其实际阻值，如图 2-24 所示。

（2）数字式万用表测量。

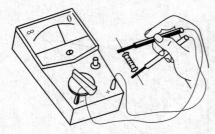

图 2-24　电阻的准确测量方法

1）使用数字式万用表测量电阻时，不需要调零。将黑表笔插入"COM"插孔，红表笔插入"VΩ"插孔（注意红表笔极性为"+"）。将功能开关置于所需量程上，如图 2-25 所示。将测试笔跨接在被测电阻上，如图 2-26 所示。读出所测电阻值。然后两手交换测试表笔再次测量，读出测量电阻值，如两次测量结果一样，则说明此电阻是好的，如图 2-27 所示。

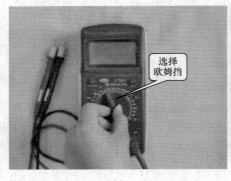

(a)

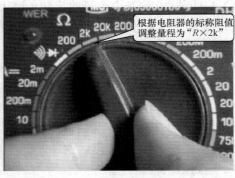

(b)

图 2-25　选择合适的量程

（a）选择欧姆挡；（b）调整量程

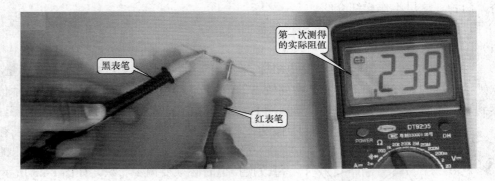

图 2-26　正确的测量方法

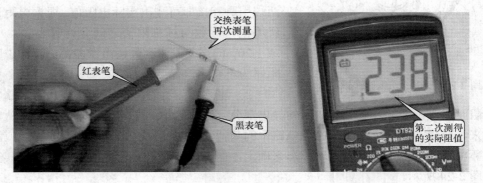

图 2-27　交换表笔测量

当输入开路时，会显示过量程状态"1"。如果被测电阻超过所用量程，则会指示出过量程"1"须用高挡量程。当被测电阻在 1MΩ 以上时，该表需数秒后方能稳定读数，对于大阻值电阻测量，这是正常的。

2）检测在线电阻时，须确认被测电路已关掉电源，同时已放完电，方能进行测量。当200MΩ量程进行测量时须注意，在此量程，两表笔短接时读数为 1.0，这是正常现象，此读数是一个固定的偏移值。如被测电阻 100MΩ时，读数为 101.0，正确的阻值是显示减去 1.0，即 101.0-1.0=100。

2. 电位器的检测

检查电位器时，首先要转动旋柄，看旋柄转动是否平滑，带开关的电位器在开关通／断时"咔嗒"声是否清脆，开关是否灵活，并感觉内部接触点和电阻体摩擦是否平滑，如感觉偶有受阻或坑洼不平，说明质量不好应予更换。用万用表测试时，先根据被测电位器阻值的大小选择好万用表合适的电阻挡位，然后可按下述方法进行检测。

（1）用万用表的欧姆挡测两个外边引脚两端，其读数应为电位器的标称阻值。如果万用表的指针不动或阻值相差很多，则表明电位器已损坏。

（2）检测电位器的活动臂与滑动片的接触是否良好。用万用表的一个表笔接任一个外引脚，另一个表笔接中间滑动臂引脚，将电位器的转轴从一个方向转动，表头指针应平稳移动。如果万用表指针在电位器的轴柄转动过程中不平稳或出现跳动现象，则说明滑动触点有接触不良故障。

3. 熔断电阻器的检测

在电路中，当熔断电阻器开路后，可根据经验做出判断：若发现熔断电阻表面发黑、烧焦或起包，则可断定其负载太重，通过它的电流超过额定值很多倍所致；如果其表面无任何痕迹而开路，则表明流过它的电流刚好或稍大于其额定熔断值。对于表面无任何痕迹的熔断电阻器好坏的判断，可借助于万用表 R×1 挡来测量，为保证测量准确，应将熔断电阻器的一端从电路上取下。若测得阻值为无穷大，则说明此熔断电阻器已开路失效，若测得的阻值与标称阻值相差甚远，则表明电阻变质，不能再使用。在维修实践中发现，也有少数熔断电阻器在电路中被击穿短路的现象，在检测中应予以特别注意。

4. 正温度系数热敏电阻（MZ）的检测

检测时，用万用表 R×1 挡，（正温度系数热敏电阻一般阻值较小）具体可分两步操作。

第一步，常温检测（一般室内温度接近 25℃）。将两表笔接触热敏电阻的两个引脚，测出其实际阻值，并与标称阻值相对比，二者相差±2Ω 之内即为正常。实际阻值若与标称阻值相差过大，则说明其性能不良或已损坏。

第二步，加温检测。在常温测试正常的基础上，将一热源（例如电烙铁）靠近热敏电阻对其加热，同时用万用表监测其电阻值是否随温度升高而增大，如果是，则说明热敏电阻正常，若阻值无变化，则说明其性能变劣，不能继续使用。测量时注意不要使热源与热敏电阻靠得过近或直接接触热敏电阻，以防止其过热损坏。

5. 负温度系数热敏电阻（MF）的检测

测量标称电阻值 R_t。用万用表测量热敏电阻的方法和测量普通电阻的方法相同，即根据热敏电阻的标称阻值选择合适的电阻挡可直接测出 R_t 的实际值。但因热敏电阻对温度很敏感，所以测试时应注意以下几点。

（1）R_t 是生产厂家在环境温度为 25℃所测得的，所以用万用表测量 R_t 时，也应在环境温度接近 25℃时进行，以保证测试的可信度。

（2）注意正确操作。测试时，不要用手捏住热敏电阻体，以防止人体温度对测试产生影响。

6．压敏电阻的检测

用万用表 $R\times1$ 挡，测量压敏电阻两引脚之间的正、反向电阻，应均为无穷大；否则说明漏电流较大。若所测电阻很小，则说明压敏电阻已损坏，不能使用。

7．光敏电阻的检测

步骤如下。

（1）选择万用表的"Ω"挡，将指针式万用表的量程调至 $R\times10k$ 挡并调零，如图 2-28 所示。

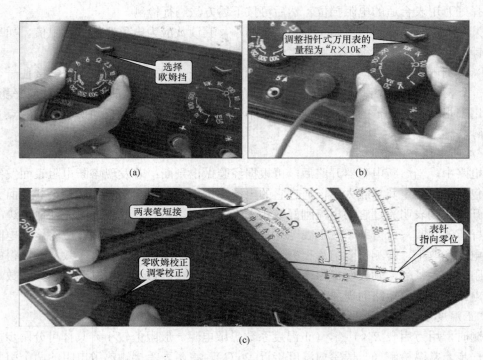

(a)　　　　　　　　　　　　　　　　　　(b)

(c)

图 2-28　光敏电阻测量操作演示

（a）选择欧姆挡；（b）调整量程；（c）欧姆调零

（2）用万用表的表笔接光敏电阻引脚，在自然光下测出光敏电阻的阻值，如图 2-29（a）所示。测出的阻值越小光敏电阻性能越好。若此值很大甚至无穷大，则表明光敏电阻内部开路损坏，不能继续使用。

（3）用一黑纸片或毛巾将光敏电阻的透光窗口遮住，此时万用表的指针基本保持不动，阻值接近无穷大，如图 2-29（b）所示。此值越大说明光敏电阻性能越好。若此值很小或接近于零，则说明光敏电阻已烧穿损坏，也不能再继续使用。

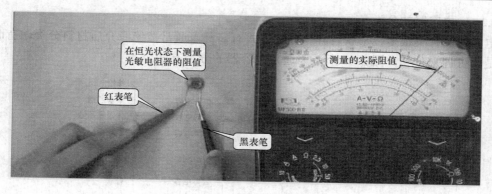

(a)

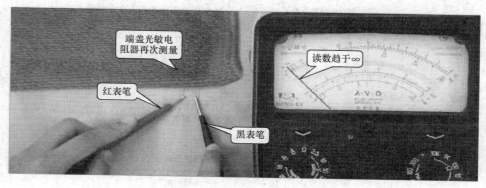

(b)

图 2-29　光敏电阻测量操作演示

（a）在恒光状态下测量光敏电阻器的阻值；（b）遮光状态下测量光敏电阻的阻值

任务 2.2　电 容 器 的 认 知

 【任务目标】

- 掌握电容器的分类、型号和命名方法
- 掌握描述电容器的主要参数和标志方法
- 掌握常用电容器的特性、外形特征和使用场合
- 掌握电容器的检测方法

电子产品中需要用到各种各样的电容器，它们在电路中分别起着不同的作用。与电阻器相似，电容器通常简称其为电容，用字母"C"表示。顾名思义，电容器就是"储存电荷的容器"。尽管电容器品种繁多，但它们的基本结构和原理是相同的。其基本模型就是两片相距很近的金属中间被某绝缘物质（固体、气体或液体）所隔开，就构成了电容器。

电容器是组成电路的基本元件之一，它是一种能储存电能的元件。电容器在电路中具有隔直流通交流的特点，因此用于耦合、滤波、退耦旁路或与电感元件组成振荡电路等。

2.2.1 电容器的分类

电容器的种类很多，形状各异。分类方式有多种，通常按绝缘介质材料分类，有时也按容量是否可调来分类。图 2-30 所示为通常电容器的分类方法。

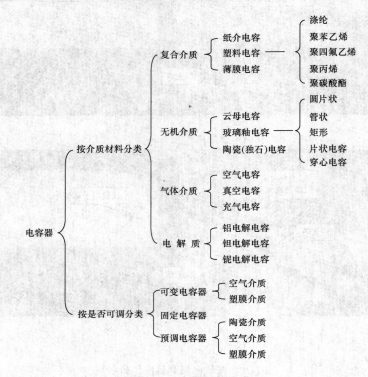

图 2-30 电容器的分类

常用电容器的外形、名称、文字符号和图形符号见表 2-16。

表 2-16 常用电容器外形、名称、文字符号和图形符号

名　称	实 物 外 形 举 例	图形符号
单联可调电容器	动片　动片引出端　　定片　动片　　　　　定片	
双联可调电容器	(2×365pF)　定片　动片　动片　定片(2×270pF)　(290/250pF)　空气介质双连	

续表

名　称	实物外形举例	图形符号
微调电容器		
无极性电容器		
有极性电容器		

　　根据 GB 2470—1995《电子设备用固定电阻器、固定电容器型号命名方法》的规定，我国电容器的产品型号一般由四部分组成（不适用于压敏、可变、真空电容器）。

　　第一部分：主体名称，用字母表示，电容器用 C。

　　第二部分：介质材料，用字母表示。

　　第三部分：分类特征，一般用数字表示，个别用字母表示。

　　第四部分：序号，用数字表示。

　　各部分含义见表 2-17。

表 2-17　　　　　　　　　　　　　　　电容器型号命名法

第一部分		第二部分		第三部分		第四部分
用字母表示主体		用字母表示介质材料		用数字或字母表示特征		用字母或数字表示序号
符号	意义	符号	意义	符号	意义	意义
C	电容器	C	瓷介	1	圆片	包括：品种、尺寸代号、温度特性、直流工作电压、标称值、允许误差、标准代号等
		I	玻璃釉	2	管型	
		O	玻璃膜	3	叠片	
		Y	云母	4	独石	
		V	云母纸	5	穿心	
		Z	纸介	6	—	

续表

第一部分		第二部分		第三部分		第四部分
用字母表示主体		用字母表示介质材料		用数字或字母表示特征		用字母或数字表示序号
符号	意义	符号	意义	符号	意义	意义
C	电容器	J	金属化纸	7	—	包括： 品种、尺寸代号、温度特性、直流工作电压、标称值、允许误差、标准代号等
		B	聚苯乙烯	8	高压	
		F	聚四氟乙烯	9	—	
		L	涤纶	T	铁电	
		S	聚碳酸酯	W	微调	
		Q	漆膜	J	金属化	
		H	纸复合膜	X	小型	
		D	铝电解	S	独石	
		A	钽电解	D	低压	
		G	金属电解	M	密封	
		N	铌电解	Y	高压	
		T	钛电解	C	穿心式	
		M	压敏			
		E	其他电解材料			

示例：某电容器的标号为 CJX—250—0.33—±10%，其含义如下。

C—主称　电容器；J—介质材料　金属化纸介；X—特征　小型；250—耐压　250V；0.33—标称容量　0.33μF；±10%—允许误差　±10%。

例如：CCW1——圆片形预调电容器。

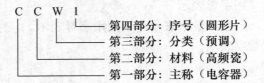

```
C  C  W  1
            第四部分：序号（圆形片）
            第三部分：分类（预调）
            第二部分：材料（高频瓷）
            第一部分：主称（电容器）
```

再如：按照以上规律，若型号为 CA42 的电容器，显然属于烧结粉固体钽电解电容器。

2.2.2　电容器的主要参数

1. 标称容量和允许误差

（1）电容器的标称容量。描述电容器储存电荷的能力用电容量来表示，常用的单位是 F、μF、pF。标在电容器外壳上的电容量数值称为电容器的标称容量。电容量是指电容器加上电压后能储存电荷的能力。储存电荷越多，电容量就越大，反之，电容量就越小。

与电阻器一样，国家也规定了系列容量值作为产品标准。由于生产技术等多方面的原因，电容器的实际容量与标称容量之间总存在一定的误差，国家对此也有相应的规定。

固定电容器标称容量系列见表 2-18。

表 2-18   不同种类固定电容器标称容量系列

电容类别	允许误差	容量范围		标称容量系列
高频（无极性）有机薄膜介质电容、瓷介电容、玻璃釉电容、云母电容	±5%	1pF～1μF	E24	1.1, 1.2, 1.3, 1.5, 1.6, 1.8, 2.0, 2.4, 2.7, 3.0, 3.3 3.6, 3.9, 4.3, 4.7, 5.1, 5.6, 6.2, 6.8, 7.5, 8.2, 9.1
	±10%		E12	1.0, 1.2, 1.5, 1.8, 2.2, 2.7, 3.3, 3.9, 4.7, 5.6, 6.8 8.2
	±20%		E6	1.0, 1.5, 2.2, 3.3, 4.7, 6.8
铝、钽、铌、钛电解电容	±10% ±20% +50/−20%	1μF～ 100 000μF		1.0, 1.5, 2.2, 3.3, 4.7, 6.8 （容量单位：μF）

对于高频（无极性）有机薄膜介质电容器、瓷介电容器、玻璃釉电容器、云母电容器的标称容量系列采用 E24、E12、E6 系列。其中大于 4.7pF 的，其标称容量值采用 E24 系列，小于和等于 4.7pF 的，其标称容量值采用 E12 系列。对于铝、钽、铌电解电容器的，其标称容量值采用 E6 系列。

（2）电容器的允许误差。电容器的标称容量和它的实际容量是有误差的，电容器的标称值与实际容量之差除以标称值所得的百分数，就是电容器的允许误差。电容器的误差根据制造水平和使用场合可规定有若干等级，不过最常用的电容器的误差一般分为三级，即 ±5%、±10%、±20%，或写成 I 级、II 级、III 级。有些电解电容器的误差可能要大于 ±20%。电容器容量允许误差标志有时用字母标志，对照表见表 2-19。

表 2-19   电容器容量允许误差标志与对应英文字母

英文字母	B	C	D	F	G	J	K	M	N
对应误差（±）	0.1%	0.25%	0.5%	1%	2%	5%	10%	20%	30%

2. 额定直流工作电压（耐压）

电容器的额定直流工作电压是指电容器在电路中长期可靠工作允许加的最高直流电压。如果电容器工作在交流电路中，则交流电压的峰值（最大值）不能超过额定直流工作电压，否则电容器有被击穿或损坏的可能。如果电压超过耐压值很多时，则有的电容器本身就会爆裂。

电容器的耐压多数情况下采用直接标注法，即直接将耐压值标注在电容器的外壳上。如某电容器上标注 104K 400V，代表此电容器容量为 0.1μF；误差量为 ±10%；耐压值为 400V。每一个电容都有它的耐压值，这是电容的重要参数之一。

普通无极性电容的标称耐压值有 63、100、160、250、400、600、1000V 等，有极性电容（电解电容器）的耐压值相对要比无极性电容的耐压要低，一般的标称耐压值有 4、6.3、10、16、25、35、50、63、80、100、220、400V 等。

需要指出的是：有些瓷片电容器，数字下有横线的耐压为 63V，没有横线的耐压为 50V。

瓷介或聚酯系列电容器也有用英文字母作为代号表示电容器的耐压的，代号与数字的对应关系见表 2-20。

表 2-20   瓷介或聚酯系列电容器额定电压代号与数值

英文字母	A	B	C	D	E	F	G	W	H	J	K	Z
代表数字	1.0	1.25	1.6	2.0	2.5	3.15	4.0	4.5	5.0	6.3	8.0	9.0

这种标注方法是用一位数字和一个英文符号组合在一起作为耐压标识的。英文代号前面的数字 X 是指 10 的 X 次方（即为 10^X），与这个英文代号在表格中所对应的数字相乘后得到耐压的具体数值。

例如：某电容器外壳标注 1J 103J，代表此电容器容量为 0.01μF；误差量为 ±5%；耐压值为 63V。

再如：某电容器外壳标注 3D 104M，代表此电容器容量为 0.1μF；误差量为 ±20%；耐压值为 2kV，依次类推。

3．绝缘电阻

绝缘电阻描述了电容器两极之间的综合电阻值，包括介质的绝缘电阻以及两个电极间外壳绝缘物质形成的电阻。任何绝缘体都不绝对理想，都存在着电阻，两极之间总会有电荷穿过绝缘物质，只不过数量很少而已，通常称为电容器漏电。漏电是电容器存在绝缘电阻产生的，故也将这种电阻称为漏电阻。一般来说，电容两极板所加电压越高，工作温度越高，漏电流越大，也就是绝缘电阻越小。显然绝缘电阻也是一个与介质材料有关的参数。

4．介质损耗

所谓介质损耗，是指介质缓慢极化和介质电导引起的损耗，通常用损耗功率和电容器的无功功率之比，即损耗角的正切值来表示。在相同容量、相同工作条件下，损耗角越大，电容器的损耗也就越大。一般损耗角大的电容器不适于在高频情况下使用。

理想的电容器应没有能量消耗，但实际上，电容器在电场作用下总有一部分电能转化成热能，这种损耗的能量称为电容器的损耗。它包括金属极板的损耗和介质损耗两部分，小功率电容器主要是介质损耗。

2.2.3　电容器的标志方法

电容器在电容体上通常标注主要有型号、标称容量及误差和耐压等技术指标，标注方法有如下几种。

1．直标法

标志方法与电阻相同，有些电容由于体积较小，在标志时为了节省空间，习惯上省去单位，通常在容量小于 10 000pF 的时候，用 pF 做单位，大于 10 000pF 的时候，用 μF 做单位。为了简便起见，大于 100pF 而小于 1μF 的电容常常不标注单位。没有小数点的，它的单位是pF，有小数点的，它的单位是 μF。

一般遵循的原则如下。

（1）对于无极性电容，若为无小数点的整数、无标志单位，表示是 pF。例如 3300，表示3300pF。

（2）凡带小数点的，若无标志单位，则表示 μF。例如 0.022，表示 0.022μF。

（3）许多小型固定电容器如瓷介电容器等，只标容量而不标耐压，一般是 63～160V 范围，如果再高的是要标注耐压值的，如 400V、630V、2kV 等。

2．数字字母法

电容器容量标志方法。电容的基本单位为法拉（F）。实际上，法拉是一个不常用的单位，因为电容器的容量往往比 1 法拉小得多，常用的电容单位有微法（μF）、纳法（nF）和皮法（pF）（皮法又称微微法）。其实在法拉下面还有一个毫法（mF）单位，实际使用很少。

它们的关系是：1 法拉（F）=1000 毫法（mF）=1 000 000 微法（μF）；1 微法（μF）=1000

纳法（nF）=1 000 000 皮法（pF）。

用数字字母法标注时的规律是，用两位数字加一个字母构成三位组合，两位数字就是标称容量的有效数，而字母就是该标称数的基本单位，且所在位置就是小数点的位置。

例如：0.1pF，标志为 p1　　　　2.7pF，标志为 2p7

　　　　1000pF，标志为 1n　　　　5600pF，标志为 5n6

　　　　0.01μF，标志为 10n　　　　0.56μF，标志为 560n

　　　　4.7μF，标志为 4μ7　　　　3300μF，标志为 3m3

3. 数字标注法

数字标注法是用 3 位数的组合来表示电容器的容量。其中前两位数字为标称容量的有效数，第三位数字为倍乘数（即表示标称容量有效数后有多少个 0）。有效数字与倍率数相乘后作为该电容器容量，单位是 pF。

例如：222 表示 $22×10^2pF=2200pF$

　　　　104 表示 $10×10^4pF=0.1μF$

　　　　561 表示 $56×10^1pF=560pF$

　　　　473 表示 $47×10^3pF=0.047μF$

　　　　100 表示 $10×10^0pF=10pF$

4. 色标法

电容器的色标法原则上与电阻器的色标法相同，标志的颜色符号与电阻器采用的相同，可参见表 2-8 的规定，其单位为皮法（pF）。电容器的色码标志如图 2-31 所示。

电解电容器的工作电压有时也采用颜色标志：6.3V 的用棕色，10V 的用红色，16V 的用灰色。色点应标在正极。

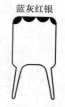

标称值 0.015μF　　　标称值 4700pF　　　标称值 6800pF
偏差 ±10%　　　　　偏差 ±20%　　　　　偏差 ±10%

图 2-31　电容器的色码标志法

电容器工作电压色码标注法中各颜色对应的意义见表 2-21。

表 2-21　　　　　　　　　电容器工作电压色码标注法中各颜色对应的意义

颜色	黑	棕	红	橙	黄	绿	蓝	紫	灰
工作电压（V）	4	6.3	10	16	25	32	42	50	63

电解电容器外皮颜色作为特殊标志代表着不同的型号和具有不同的特性，见表 2-22。

表 2-22　　　　　　　　　　　　　　不同电解电容器的标志

型号标准	特性说明	外皮颜色	型号标准	特性说明	外皮颜色
MG 标准式	一般用途	黑色	KK 低漏电型	定时用，用于小信号场合	黄色
MT（105℃）	工作温度	橙色	BIC 耐高频波纹电流	电视机 S 校正专用	深蓝色
SM7mm 高	超薄产品	蓝色	BPA 音频专用	可改善音质	海蓝色
MG9、9mm 高	超薄产品	黑色	HF 低阻抗产品	用于开关电源	灰色
BP 双极性	无极性产品	浅蓝色	HV 高耐压型	用于高压电路	青蓝色
EV 高稳定型	定时用，代替钽电容	浅灰色			

2.2.4 常用电容器

1. 常用普通电容器

常用固定电容器种类很多，见表 2-23。表中有两个品种发展很快、应用广泛的电容器：第一种是独石电容器，它是以碳酸钡为主的陶瓷材料烧结而成的一种瓷介电容器，它的容量比一般瓷介电容器大，由于具有很多优点而得到迅猛发展，目前已部分取代了云母电容器，完全取代了纸介电容器。另一种就是贴片电容器，贴片电容器有些内容在任务 2.5 中介绍。

表 2-23   常用电容器种类、结构、特点与应用

	名　称	实物外形举例	结构特征	特点与应用
无极性固定电容器	聚酯（涤纶）电容器（CL）		卷绕式密封	小体积，大容量，耐热耐湿，稳定性差。 应用于对稳定性和损耗要求不高的低频电路
	金属化聚酯薄膜电容器 CL20		金属化聚酯薄膜为介质/电极采用无感卷绕，镀锡铜包钢线（CP 线）或软线轴向引出，外层用聚酯胶带包封，两端灌注环氧树脂	非感应式结构，容量体积比高，小体积大容量，自愈性好，寿命长。 适用受体积限制的电机启动（运转）用电容，直流和 VHF 级信号的隔直流，旁路及耦合电路，低脉冲/滤波电路，音像设备的分频电路
	聚苯乙烯电容（CB）		卷绕式非密封	稳定，低损耗，体积较大。 对稳定性和损耗要求较高的电路
	聚丙烯电容（CBB）		卷绕式或叠片式	性能与聚苯相似，但体积小，稳定性略差。 代替大部分聚苯或云母电容，用于要求较高的电路
	云母电容（CY）		叠片式密封外壳	高稳定性，高可靠性，温度系数小。 用于高频振荡，脉冲等要求较高电路

续表

名　称		实物外形举例	结构特征	特点与应用
无极性固定电容器	高频瓷介电容（CC）		用高介电常数用电容器陶瓷（钛酸钡—氧化钛）挤压成圆管、圆片或圆盘作为介质，并用烧渗法将银镀在陶瓷上作为电极制成	高频损耗小，稳定性好。应用于高频电路
	低频瓷介电容（CT）			体积小，价廉，损耗大，稳定性差。使用在要求不高的低频电路
	玻璃釉电容（CI）		玻璃釉电容器由一种浓度适于喷涂的特殊混合物喷涂成薄膜而成	稳定性较好，损耗小，耐高温（200℃）应用在脉冲、耦合、旁路等电路
	独石电容（多层瓷介电容）		属于瓷介电容器的一种，采用若干薄片陶瓷膜叠放起来烧结而成，相当于若干小陶瓷电容并联	电容量大、体积小、可靠性高、电容量稳定，耐高温耐湿性好等。广泛应用于电子精密仪器，及各种小型电子设备用于谐振、耦合、滤波、旁路
	普通贴片电容		贴片电容是经过高温烧结而成，不能在它的表面印字。制作材料常规分三种NPO、X7R 和 Y5V	NPO 此种材质电性能最稳定，几乎不随温度，电压和时间的变化而变化，适用于低损耗，稳定性要求的高频电路。X7R 和 Y5V 材料性能都不及NPO
有极性电解电容器	铝电解电容（CD）		采用铝箔卷绕做正极，正极表面生成的氧化铝为介质，电解质为负极。将正极铝箔一起卷绕起来放入铝壳中封装	体积较小，容量大，损耗大，漏电大。主要应用于电源滤波，低频耦合，退耦，旁路等场合
	贴片铝电解电容（CD）			体积小，容量大，损耗大，漏电大。主要应用于贴片电路中的电源滤波，低频耦合，退耦，旁路等场合

续表

名　称	实物外形举例	结构特征	特点与应用
有极性电解电容器 钽电解电容（CA）		固体型采用钽粉烧结，液体型同铝电解电容相同	损耗、漏电均小于铝电解电容。应用在要求高的电路中代替铝电解电容
贴片钽电解电容（CA）		固体型采用铌粉烧结，液体型同铝电解电容	损耗、漏电均小于铝电解电容。应用在要求高的电路中代替铝电解电容

2. 可变电容器和预调电容器

可变电容器是指电容量在一定范围内可改变的电容器。可变电容器按其容量的变化范围可分为两大类，即可变电容器和微调电容器，其中微调电容器又称半可变电容器。可变电容器的介质一般采用空气介质和薄膜介质，而微调电容器有空气介质、薄膜介质及陶瓷介质等形式。

（1）可变电容器。可变电容器的介质一般采用空气介质和薄膜介质，空气介质可变电容器是由一组固定不动的定片和可以旋转的一组动片构成的，动片和定片之间的绝缘介质为空气；而薄膜介质可变电容器也是以定片组和动片组且二者之间的绝缘介质为有机薄膜。由于转轴和动片相连，旋转转轴即可改变动片与定片之间的角度，从而可以改变电容量的大小。当动片从定片位置全部旋出时，电容量最小；当动片全部旋入定片位置时，电容量最大。电容器的容量取决于两组极片间的距离和极片面积的大小。可变电容按个体包含可变电容组数不同分为单连、双连、四连等。

（2）预调电容器（半可变电容器）。半可变电容器也称为预调电容。它是由两片或者两组小型金属弹片，中间夹着介质制成的。调节的时候改变两片之间的距离或者面积。它的介质有空气、陶瓷、云母、薄膜等。半可变电容器的容量可调范围只有几皮法到几十皮法。在各种调谐及振荡电路中作为补偿电容器或校正电容器使用。

常用可调电容器和预调电容器见表 2-24。

表 2-24　　　常用可调电容器和预调电容器

名　称	实物外形举例	结构特征	特点与应用
可变电容器 可变电容器（空气介质）		半圆型定片和安装在转轴上的动片相对放置，介质为空气	损耗小，效率高；可根据要求制成直线式、直线频率式及对数式等。应用于电子仪器，广播电视设备等
可变电容器（薄膜介质）		半圆型定片和安装在转轴上的动片相对放置，其间为薄膜介质	体积小，质量轻；损耗比空气介质的大。应用：通信，广播接收机等

续表

名　称	实物外形举例	结构特征	特点与应用
可变电容器	预调电容（薄膜陶瓷介质）	定片和开有螺钉槽的动片间的金属面呈半圆形，介质为薄膜或陶瓷	体积小，薄膜介质损耗较大；陶瓷介质损耗较小。 应用于收录机，电子仪器等电路作电路补偿，精密调谐的高频振荡回路

3. 贴片电容器

目前，很多电子产品中使用了贴片电容，由于贴片电容体积很小，故其容量标注方法与普通电容有相同的地方也有不同的地方。

（1）贴片电容的材质。在相同的体积下由于填充介质不同所组成的电容器的容量就不同，随之带来的电容器的介质损耗、容量稳定性等也就不同。所以在使用电容器时应根据电容器在电路中作用不同来选用不同的电容器。贴片电容的材料通常为三种，其材质代号为 NPO、X7R、Y5V。

1）NPO。此种材质电性能最稳定，几乎不随温度、电压和时间的变化而变化，适用于低损耗，稳定性要求高的高频电路。容量精度在 5%左右，但选用这种材质只能做容量较小的，常规 100pF 以下。

2）X7R。此种材质比 NPO 稳定性差，但容量比 NPO 的材料要高，容量精度在 10%左右。

3）Y5V。此类介质的电容，其稳定性较差，容量偏差在 20%左右，对温度电压较敏感，但这种材质能做到很高的容量，而且价格较低，适用于温度变化不大的电路中。

（2）尺寸系列。贴片电容的尺寸系列与贴片电阻相同，也有两种标注方法。一种是以英寸为单位来表示，另一种是以公制毫米为单位来表示，贴片电容系列的型号有 0201、0402、0603、0805、1206、1210、1812、2010、2225 九种。具体尺寸大小请参照表 2-4 贴片电阻的封装与尺寸。

（3）贴片电容器的容量标注。

1）数字标注法。和普通电容器一样，贴片电容的容量代码通常也是由 3 位数组成的，单位为 pF，前两位是有效数，第三位为有效数之后所加"0"的个数，若有小数点则用"R"表示。

2）片状陶瓷电容容量的标识码经常由一个或两个字母及一位数字组成。当标识码是两个字母时，第一个字母标识生产厂商代码，例如：当第一个字母是 K 时，表示此片状陶瓷电容是由 Kemet 公司生产的。三位代码的第二个字母或两位代码的第一个字母代表电容器容量大小，见表 2-25。

表 2-25　　　　　　　　　贴片电容器标注字母代表的容量有效数

字母	代表的有效数字	字母	代表的有效数字	字母	代表的有效数字
A	1.0	E	1.5	J	2.2
B	1.1	F	1.6	K	2.4
C	1.2	G	1.8	L	2.7
D	1.3	H	2.0	M	3.0

字母	代表的有效数字	字母	代表的有效数字	字母	代表的有效数字
N	3.3	V	6.2	d	4.0
P	3.6	W	6.8	e	4.5
Q	3.9	X	7.5	f	5.0
R	4.3	Y	8.2	m	6.0
S	4.7	Z	9.1	n	7.0
T	5.1	a	2.5	t	8.0
U	5.6	b	3.5	y	9.0

例如：当贴片电容上的标识是 S3 时，查表可知，"S" 所对应的有效数字为 4.7，代码中的 "3" 表示倍率为 10^3，因此，S3 表示此电容的容量为 4.7×10^3 pF 或为 4.7 nF，而制造厂商不明。

再如：某贴片电容上的标识为 KA2，K 表示此电容由 Kemet 公司生产；A2 表示容量为 1.0×10^2 pF=100pF。

（4）额定电压。

1）普通贴片电容的额定电压有低、中、高之分，系列电压有 6.3、10、16、25、50、100、200、500、1000、2000、3000、4000V 等。

2）贴片钽电容耐压值的表示方法

贴片钽电解电容的耐压值有时用某字母表示具体数值，字母与数字对应关系见表 2-26。

表 2-26 钽电容耐压值的表示方法

字 母	F	G	J	A	C	D	E	V	H
代表的耐压值（V）	2.5	4	6.3	10	16	20	25	35	50

例如：若某一钽电解电容的标识代码为 A475，则 A 表示耐压值为 10V，47 表示电容量的有效数字为 47，代码中 5 代表 10^5，则此片状电解电容的容量为 47×10^5 pF=47×10^5 pF=4.7μF。

2.2.5 电容器的检测经验

1. 固定电容器的检测

（1）电解电容器的检测。

1）大容量电容器用指针式万用表检测比较简便。而大容量的电容器往往为电解电容器。首先对电解电容器极性做出判断。若为还没有使用的电容器，则可以根据其引脚的长短来判断，长脚为正极，短脚为负极。如果引脚已剪齐，则在电解电容器侧面标有 "—" 号时，表示负极。如图 2-32（a）所示，也可用万用表测量其正反向漏电大小加以判断。

在测试电容容量前，必须对电容充分地放电，以防止损坏仪表。特别是大容量的电解电容器更应该注意这一点。放电时，不能用短路线直接放电，而应该选一只合适的电阻接到电容器引脚两端进行放电，如图 2-32（b）所示。

因为电解电容器的容量较一般固定电容器大得多，所以测量时，应针对不同容量选用合适的"Ω"挡量程。根据经验，一般情况下，1～47μF 的电容器可用 R×1kΩ 挡测量，大于 47μF 的电容器可用 R×100Ω 挡测量，如图 2-32（c）、（d）所示。

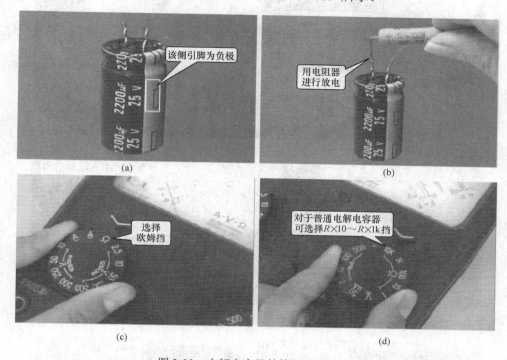

图 2-32　电解电容器的检测方法演示
（a）判断电解电容器极性；（b）用电阻器进行放电；（c）选择欧姆挡；（d）选择适合的量程

2）在测量前，首先将万用表两只表笔短接进行调零，如图 2-33（a）所示。再将万用表红表笔接电容器负极，黑表笔接电容器正极，在刚接触的瞬间，万用表指针即向右偏转较大幅度（对于同一电阻挡，容量越大，摆幅则越大），接着逐渐向左回转，直到停在某一位置，如图 2-33（b）所示。此时的阻值便是电解电容器的正向漏电阻，此值略大于反向漏电阻。实际使用经验表明，电解电容器的漏电阻一般应在几百千欧以上。若电阻值很小，则说明电容器漏电很大，将不能正常工作，如图 2-33（c）所示。

在测试时若正向、反向均无充电现象，即表针未摆动，则说明电容器的电解液已干涸失去电容量或内部断路，如图 2-33（e）所示。如果所测阻值很小或为零，则说明电解电容器漏电大或已击穿损坏，不能再继续使用，如图 2-33（d）所示。

3）对于正、负极标志不明的电解电容器，可利用上述测量漏电电阻的方法加以判别，即先任意测一下漏电阻，记住其大小，然后交换表笔再测出一个阻值。两次测量中阻值大的那一次便是正向接法，即黑表笔接的是正极，红表笔接的是负极。使用万用表电阻挡，采用给电解电容进行正、反向充电的方法，根据指针向右摆动幅度的大小，可估测出电解电容的大致容量。

（2）其他电容器的检测。

1）检测 10pF 以下的小电容。因 10pF 以下的固定电容器容量太小，所以用指针式万用表检测时，只能定性地检查其是否有漏电、内部短路或击穿现象。测量时，可选用万用表 R×10kΩ 挡，用两表笔分别任意接电容器的两个引脚，阻值应为无穷大。测出阻值（指针向右摆动）为零，则说明电容器漏电损坏或内部击穿。

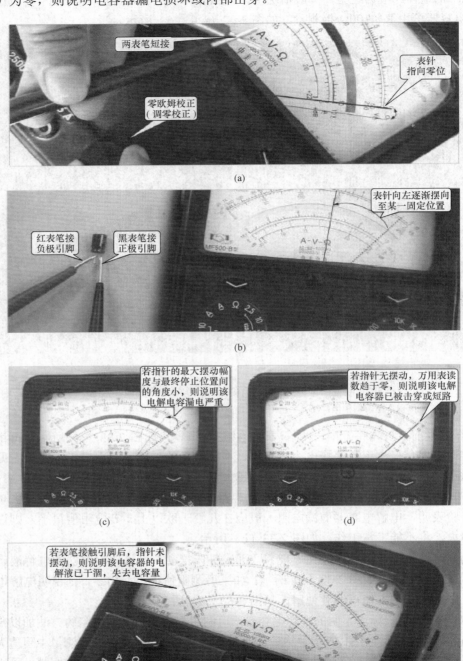

图 2-33 电解电容器的检测方法演示

（a）调零；（b）红表笔接负极，黑表笔接正极；（c）电容器漏电；（d）电解电容器已被击穿或短路；

（e）电解电容器的电解液干涸

2）检测 10pF～0.01μF 固定电容器。先用万用表 $R\times10$k 挡检测固定电容器是否有充电现象，进而再判断其好坏。方法是：选用万用表 $R\times1$k 挡，用两只穿透电流小，β 值均为 100 以上的小功率三极管（3DG6 或 CS9013）组成复合管或直接选用适当的达林顿管（复合管）；用万用表的红黑表笔分别接复合管的发射极 e 和集电极 c，被测电容接在复合管的基极 b 和集电极 c 之间。由于复合管三极管有放大作用，会把被测电容的充放电过程予以放大，使万用表指针摆幅加大，从而便于观察。应注意的是，在测试操作时，特别在测量较小容量电容时，要反复调换被测电容引脚接触点，才能明显地看到万用表指针的摆动。

3）检测 0.01μF 以上的固定电容器。对于 0.01μF 以上的固定电容器，可用万用表的 $R\times10$kΩ 挡直接测试电容器有无充电过程以及有无内部短路或漏电，并可根据指针向右摆动幅度大小估计出电容器的容量。

2. 小容量电容器数字表的检测方法

检测 1μF 以下的小电容，往往使用数字万用表比较方便。使用数字万用表对电容进行测量相对简单，而且能得到比较准确的容量读数，数字万用表一般最大测量范围为 200μF。

检测方法如下：测试过程如图 2-34 所示。

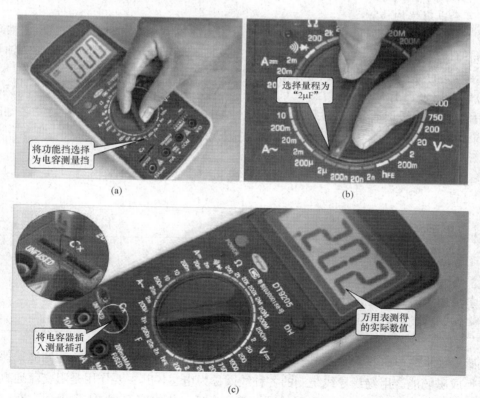

（a）   （b）

（c）

图 2-34 电容器数字万用表的检测方法演示
（a）将功能挡选择为电容测量挡；（b）选择量程；（c）将电容器插入测量插孔

（1）将功能开关置于电容量程 C（F）。

（2）选择合适的量程（被测电容实际容量应小于已选量程）。

（3）将电容器插入电容测试座中（有的万用表也有使用表笔接电容引脚的）。

（4）如果事先对被测电容范围没有概念，则应将量程开关转到最高的挡位；然后根据显示值再转至相应挡位上。如果屏幕显示"1"，则表明已超过量程范围，须将量程开关转换至较高的挡位上。

（5）在测试电容前，屏幕显示值可能尚未回到零，残留读数会逐渐减小，但可以不予理会，它不会影响测量的准确度。

（6）大电容挡测量严重漏电或已经击穿的电容时，将显示一些不稳定数值。

测量时应特别注意以下几点。

1）在测试电容容量前，必须对电容进行充分的放电，以防止损坏仪表。

2）将电容插入专用的电容测试座中。有些万用表没有专用电容测试座，这时须将红表笔插入"COM"孔（红表笔极性为"+"极），黑表笔插入"mA"孔中，用表笔进行测量。也有一些万用表有专门的电容测试表笔插孔，测量时将表笔插入专用孔中，用表笔接触被测电容器的引脚即可进行测试。

3）测量大电容时稳定读数需要一定的时间。

4）电容的单位换算：$1\mu F=10^{6} pF$；$1\mu F=10^{3} nF$。

3. 可变电容器的检测

（1）用手轻轻旋动转轴，应感觉十分平滑，不应感觉到明显的时紧时松甚至卡滞现象。将转轴向前、后、上、下、左、右等各个方向推动时，转轴不应有松动的现象。转轴与动片之间接触不良的可变电容器，是不能再继续使用的。

（2）将万用表置于 $R\times 10k\Omega$ 挡，一只手将两表笔分别接可变电容器动片与定片的引出端，另一只手将转轴缓缓旋动几个来回，万用表指针均应在无穷大位置不动。在旋动转轴的过程中，如果指针有时指向零，则说明可变电容器动片与定片之间存在碰片或漏电现象。

任务 2.3　电感线圈与变压器

【任务目标】

- 了解电感器的分类与命名方法
- 掌握电感线圈的种类、外观特征及使用场合
- 掌握变压器的种类、外观特征及使用场合
- 掌握电感线圈与变压器的检测方法

电感器（也称电感线圈）是电子设备中的重要组成元件之一，它是一种储能元件。能把电能转换成磁场能。用绝缘导线绕制的各种线圈称为电感，其主要作用是阻交流通直流，阻高频通低频。电感器一般又称为电感线圈，简称电感，用文字符号"L"表示。在电路中主要起到滤波、振荡、延迟、陷波等作用。电感线圈与电容器并联可组成 LC 调谐电路，具有调谐与选频作用。它的延伸应用就是变压器和电磁继电器。

变压器是利用多个电感线圈的互感效应制作的器件，这里只介绍小型变压器，它除了具有电力变压器变电压、变电流功能，在电子电路中主要是应用它的信号耦合功能和变阻抗功能。

电磁继电器一般由铁心、线圈、衔铁、触点簧片等组成。只要在线圈两端施加或去掉控

制电压来控制线圈中电流的有、无，在电磁效应作用下，衔铁就会带动触点闭合或断开。

2.3.1　电感器和变压器的分类与命名

电感器的种类很多，分类的方式也不同。

按导磁体性质分类有空心线圈、铁氧体线圈、铁心线圈、铜心线圈等。

按工作性质分类有天线线圈、振荡线圈、扼流线圈、陷波线圈、偏转线圈等。

按绕线结构分类有单层线圈、多层线圈、蜂房式线圈等。

按电感形式分类有固定电感线圈、可变电感线圈。

图 2-35 所示为一种分类方法。一般低频线圈为减少线圈匝数，增大电感量和减小体积，大多采用铁心，而中高频电感则采用高频磁心（铁氧体心）或采用空心线圈。

目前我国对电感器的型号表示方法见表 2-27。

第一部分用字母表示主称为电感线圈；

第二部分用字母与数字混合或数字表示电感量；

第三部分用字母表示误差范围。

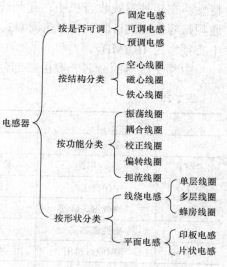

图 2-35　电感器分类

表 2-27　　　　　　　　　　　　电感线圈的命名方法

第一部分		第二部分			第三部分	
主称		电感量			误差范围	
字母	含义	数字与字母	数字	含义	字母	含义
L 或 PL	电感线圈	2R2	2.2	2.2μH	J	±5%
		100	10	10μH		
		101	100	100μH	K	±10%
		332	3300	3.3mH		
		563	56 000	56mH	M	±20%
		68R	68	68μH		

1. 线圈命名方法

一般由四个部分组成。

第一部分：名称，一般用字母表示。L 表示线圈，ZL 表示高频或低频扼流线圈。

第二部分：特征，一般用字母表示。G 表示高频。

第三部分：一般用字母表示。X 表示小型。

第四部分：区别代号，一般用字母表示。

例如：LGX 型表示小型高频电感线圈。

2. 中频变压器命名方法

中频变压器（旧称中周）适用频率范围从几千赫兹到几十兆赫兹。中频变压器不仅具有普通变压器的变换电压、电流及阻抗的特性，还与电容器并联后具有谐振于某一固定频率的特性。在超外差式收音机中，起到选频和耦合作用，在很大程度上决定了灵敏度、选择性和通频带等指标。其谐振频率在调幅式接收机中为 465kHz；在调频半导体收音机中频变压器的中心频率为 10.7MHz。

中频变压器的命名一般由三部分组成，见表 2-28。

表 2-28　　　　　　　　　　　　　　　中频变压器命名方法

第一部分		第二部分		第三部分	
主　称		外形尺寸		级　数	
字母	名称用途	数字	外形尺寸（mm）	数字	使用位置
T	中频变压器	1	7×7×12	1	第一级
L	线圈或振荡线圈	2	10×10×14	2	第二级
T	磁性瓷芯式	3	12×12×16	3	第三级
F	调幅收音机用	4	20×25×36		
S	短波段				

第一部分：名称，一般用字母表示。T 表示中频变压器；L 表示线圈或振荡线圈；F 表示调幅收音机用；S 表示短波使用。

第二部分：尺寸，用数字来表示。

第三部分：级数，用数字表示。

例如：TTF-3-1 表示为调幅收音机用磁心中频变压器，外形尺寸为 12mm×12mm×16mm，中放第一级。

3. 低频变压器命名

低频变压器用来传播信号电压和信号功率，还可实现电路之间的阻抗匹配，对级间直流具有隔离作用。分为级间耦合变压器、输入变压器和输出变压器等。低频变压器有时也包含电源变压器。

一般由三部分组成，型号的组成及含义如下，见表 2-29。

表 2-29　　　　　　　　　　　　　　　低频变压器主称含义

第一部分　主　称			
字母	意　义	字母	意　义
DB	电源变压器	HB	灯丝变压器
CB	音频输出变压器	SB 或 ZB	音频（定阻式）输送变压器
RB	音频输入变压器	SB 或 EB	音频（定压式或自耦式）输送变压器
GB	高压变压器		

第一部分为主称，用字母表示；

第二部分为功率，用数字表示，计量单位用 VA 或 W 标志；但 RB 型变压器除外；

第三部分为序号，用数字表示。

例如：DB-60-2 表示为 60W（VA）电源变压器。

2.3.2　电感线圈

1．电感线圈的结构

线圈一般由骨架、绕组、磁心（或铁心）和屏蔽罩组成。除线圈绕组是必需的外，其余部分根据使用场合可以各不相同。图 2-36 所示是几种常用电感线圈的结构。收音机中频振荡线圈即采用图 2-36（a）所示的结构。

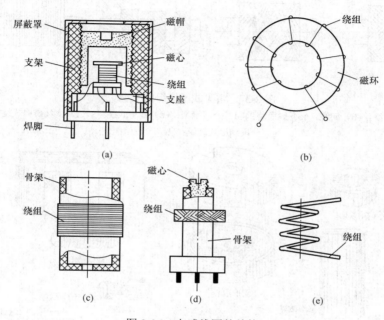

图 2-36　电感线圈的结构

（a）小型振荡线圈；（b）带磁环的线圈；（c）不带磁心的线圈；（d）带磁心的线圈；（e）空心线圈

（1）骨架。一般的线圈都有一个骨架，导线就绕在上面构成线圈。骨架是用绝缘性能较好的材料，根据需要做成不同形状，常用的材料有纸、胶木、云母、陶瓷、塑料、聚苯乙烯等。骨架材料要根据线圈用途认真选择，才能达到最佳效果。

（2）绕组。绕组是线圈的主要部分。它由绝缘导线在骨架上环绕而成，常用的导线为漆包线、纱包线。绕组的多少和导线的直径根据用途和电感量的大小而定。线圈的形式种类很多，绕组的形式有单层和多层之分。单层绕组有间绕和密绕两种形式，多层绕组有平绕、乱绕、蜂房绕、交叉蜂房绕、分段绕以及脱胎绕等形式，如图 2-37 所示。

（3）磁心。图 2-38 所示为常用的线圈磁心。线圈内部装有磁心比不装磁心的电感量大，通过调节磁心在线圈内部的位置可以改变电感量的大小。由于使用方便，因此得到广泛应用。可以制作磁心的磁性材料很多，如锰锌铁氧体等。线圈在电路中的工作频率不同，所用磁心材料也不同。

（4）屏蔽罩。为了减小线圈自身磁场对周围元件的影响，也可防止外界磁场对本线圈的影响，有些线圈的外面套有一个金属罩壳，将罩壳与电路的地接在一起，就能防止线圈与外电路之间相互影响，起到磁屏蔽作用。不同工作频率的线圈用不同的材料作屏蔽。

2．电感线圈的主要参数

电感的主要参数有电感量与允许偏差、品质因数、分布电容及额定电流等。

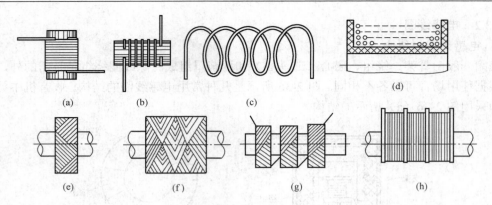

图 2-37　常见线圈绕组的类型

（a）密绕；（b）间绕；（c）脱胎绕；（d）分层绕组；（e）蜂房式绕组；（f）交叉蜂房式绕组；
（g）分段蜂房式绕组；（h）分段绕组

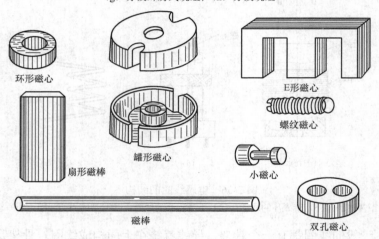

图 2-38　常用磁心结构

（1）电感量与允许偏差。电感量也称自感系数，是表示电感器产生自感应能力的一个物理量。电感器电感量的大小，主要取决于线圈的圈数（匝数）、绕制方式、有无磁心及磁心的材料等因素。通常，线圈匝数越多、绕制的线圈越密集，电感量就越大。有磁心的线圈比无磁心的线圈电感量大；磁心导磁率越大的线圈，电感量也越大。

电感量的基本单位是亨利（简称亨），用字母"H"表示。常用的单位还有毫亨（mH）和微亨（μH），它们之间的关系是：1H=1000mH；1mH=1000μH。

电感量的标志方法与电容器类似，也有直标法、文字符号法和色标法几种。

1）直标法。直标法是将线圈的主要参数，如电感量、误差值、最大工作电流等用文字直接标注在电感线圈的外壳上。其中，最大工作电流用字母标注，其对应关系见表 2-30。

表 2-30　　　　　　　　　　　小型固定线圈工作电流和字母之间的对应关系

字　　母	A	B	C	D	E
最大工作电流（mA）	50	150	300	700	1600

例如，线圈外壳上标有 3.9mH、A、Ⅱ 等字样，则表示其电感量为 3.9mH，误差为 Ⅱ 级

（±10%），最大工作电流为 A 挡（50mA）。

2）色标法。色标法是指在线圈的外壳上涂上各种不同颜色的色环或色点，用来标注其主要参数，如图 2-39 所示。同色环电阻的标注规律一样，靠近端部的为第一道色环，表示电感值的第一位有效数字；依次为第二道色环，表示电感值的第二位有效数字；第三道色环表示10 的幂指数；第四道色环表示误差。其数字对应关系与色环电阻标注法相同，这里不再赘述，单位为微亨（μH）。

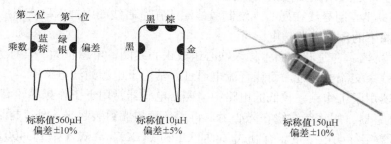

图 2-39　电感器色标标志法

允许偏差是指电感器上标称的电感量与实际电感的允许误差值。一般用于振荡或滤波等电路中的电感器要求精度较高，允许偏差为 ±0.2%～±0.5%；而用于耦合、高频阻流等线圈的精度要求不高；允许偏差为 ±10%～±15%。

例如，某一电感线圈的色环为：棕、红、红、银，则表示其电感量为 12×10^2μH，允许误差为 ±10%。

（2）品质因素 Q。品质因素是反映线圈质量的参数，通常品质因数也称"Q"值。是指电感器在某一频率的交流电压下工作时，所呈现的感抗与其等效损耗电阻之比。即 $Q=2\pi fL/R=\omega L/R$。Q 值越高表明线圈的功率损耗越小，效率越高。由于 Q 值与电感线圈的结构（导线的粗细、绕法、磁心、线圈骨架的介质损耗）有关，也和工作频率有关，因此电感线圈的 Q 值是在某一频率下测定的。

（3）分布电容。由于线圈每两圈（或每两层）导线可以看成是电容器的两块金属片，导线之间的绝缘材料相当于绝缘介质，这相当于一个很小的电容。另外，线圈与磁心之间，线圈与地之间，线圈与金属之间都存在着电容，这就是分布电容。由于分布电容的存在，将使线圈的 Q 值下降，也影响线圈的稳定性。为了减小分布电容，通常采用以下方法加以解决：如减小线圈骨架，减小导线直径和改变绕法，如采用蜂房绕或间绕等措施。

（4）额定电流。额定电流是指电感器在允许的工作环境下能承受的最大电流值。若工作电流超过额定电流，则电感器就会因发热而使性能参数发生改变，甚至还会因过流而烧毁。额定电流见表 2-30。实际通过线圈的电流值不允许超过标称电流值。

常用电感线圈在电路中的图形符号见表 2-31。

表 2-31　　　　　　　　　　　　**常用电感线圈图形符号**

电感线圈	带磁心（铁氧体）的电感	带磁心（铁心）的电感	带磁心（铁心）连续可调电感	可变电感	有两个抽头的电感
ᴍ	ᴍ	ᴍ	ᴍ	ᴍ	ᴍ

3. 常用电感器的类型

常用的电感器可分为固定电感和可调电感两大类。

（1）固定电感器。为了增加电感量和 Q 值并缩小体积，线圈中常放置软磁材料的磁心或硅钢片制作的铁心，故又有空心电感器、磁心电感器和铁心电感器。

1）空心电感器。用导线绕在纸筒、塑料筒上或脱胎而形成的线圈。中间没有磁心或铁心，因此电感量很小，通过增减匝数或调整匝间距来调整电感量，一般用在高频电路中。

2）磁心电感器。用导线在磁心上绕制成线圈或在空芯线圈中插入磁心组成的线圈，通过调节磁心在线圈中的位置来调整电感量。

3）铁心电感器。在空芯线圈中插入铁心组成铁心线圈。电感量大，常称为低频阻流圈。其作用是阻止残余交流电通过，而让直流电通过，常用于电源滤波电路中。

铁心电感器用于工作频率较低的电路中，磁心电感器常用于工作频率较高的电路中。

4）色码电感器。用漆包线绕在磁心上，再用环氧树脂封装起来，外壳标以色环（单位：μH）或直接用数字标明电感量。有卧式（如 LGI 和 LGX）、立式（如 LG400），主要用于振荡、滤波、陷波和延时电路中。色码电感器使用的磁心，高频小型电感器使用镍锌铁氧体材料磁芯，低频小型电感器使用锰镍铁氧体材料磁心。

（2）微调电感器。在线圈中插入磁心，并通过调节其在线圈中的位置来改变电感量。如收音机磁棒天线就是通过调节线圈在磁棒上的位置来微调电感量和可变电容器组成的谐振电路，从而实现对所选电台信号频率的选择。还有一种是将线圈扣在磁帽中，调节磁帽扣住线圈的深度来改变电感量。如收音机中频的调节就是通过调节中频变压器的磁帽上下位置，来改变中频变压器一次绕组电感量和谐振电容器组成的谐振电路，来实现中频的微调。

微调电感器又分为磁心可调电感器、铜心可调电感器、滑动节点可调电感器、串联互感可调电感器和多抽头可调电感器。

各种常见的电感线圈见表 2-32。

表 2-32　　　　　　　　　　常用电感线圈外形特征及特点与应用

名　称	外形特征	结构、特点与应用
模压电感 （CMD）		CMD 模压电感主要于振荡线路中。pp 可塑塑胶注模；高稳定性；结构牢固，电感值可以调整且可上下两端任意调整。频率范围：30～250MHz。温度系数：150ppm/℃ Max)，用于无线电设备、射频、振荡线路；无线电调频、TV 接收器、发射装置；汽车、无线通信、射频振荡电路应用
色码电感 （LGA）		LGA 色环电感：色码电感色环电感结构坚固，成本低廉，适合自动化生产。特殊铁心材质，高 Q 值及自共振频率。外层用环氧树脂处理，可靠度高。电感范围大，可自动插件，无铅环保

名　　称	外形特征	结构、特点与应用
共模电感 （UU）		UU 共模电感主要用在交流电源的 EMI 杂波抑制用途，主要用途用来消除低频的共模杂波。 广泛用于各种开关电源的交流电源入端
磁珠电感 （RH）		RH 磁珠电感主要应用电源线路面里的 EMI 谐波抑制，主要应用频率范围约在数十至 300MHz 之间，除了杂波的抑制外，也常用于放大线路的输入端，用来滤除频率较高的杂波，避免回授振荡现象
片式铁氧 体磁珠		片式铁氧体磁珠，叠层磁珠的结构和等效电路。实质上它就是 1 个叠层型片式电感器，是由铁氧体磁性材料与导体线圈组成的叠层型独石结构。由于是在高温下烧结而成，因而致密性好、可靠性高。两端的电极由银/镍/焊锡 3 层构成,可满足再流焊和波峰焊的要求
磁棒电感 （BFC）		BFC 磁棒电感：具有低成本的普通电感器；使用铁氧体铁心；高饱和电流；线圈体浸胶（清漆）；引脚镀锡
空心线圈		空心线圈形状像弹簧，所以也称弹簧线圈，其特点是电感量小，性能稳，主要用在高频的放大电路里面作为分压用的扼流圈
磁环电感 （CH）		CH 磁环电感特点：扼流线圈；频率特性优良，良好的衰减特性，低漏磁（磁损）。 适用于电视影像配备（例如电视机和录像机等）、办公自动化配备、音响装置配备、通信设备、测量仪器、电动机及其配备用
工字电感 （PK）		PK 工字电感：体型小的立式电感，占用安装空间小，高 Q，分布电容量小，自共振频率高。特殊导针结构，不易产生开路现象，用 PVC 或 UL 热缩套管保护，可卷装易于自动插件
贴片功率电感 （CD）		CD 贴片功率电感：表面贴装小型功率电感。具有体积小，薄型，高能量存储，低直流电阻，磁屏蔽耐大电流的优点。卷轴包装，易于自动化表贴装，主要应用在掌上电脑，数码视听产品以及其他高精度工业设备

续表

名　　称	外形特征	结构、特点与应用
贴片电感（STDR）		STDR 贴片电感：其开磁路结构提供了较高的饱和能力，产品底部使用 BASE 增加对电路板的焊接强度，适合执行 DC-DC 回路的工作
叠层电感（CBI）		CBI 叠层电感：铁氧体片式电感器特性、体积更小、漏磁小，因此片感之间不产生互耦合，可靠性高；无引线，不产生跟踪性，适合高密度表面贴装。优良的可焊性及耐热冲击性，适合波峰焊及再流焊
集成电感		阵列式集成电感是将传统的一副磁心进行分割。变成阵列式结构，再利用解耦集成方法将多个电感集成在一起
偏转线圈		偏转线圈 CRT 显像管的重要部件。偏转线圈是套在显像管的管颈和管锥体相连接处的。 行偏转线圈分为上下两个绕组，绕组外形呈马鞍形。场偏转线圈直接绕在磁环上
磁棒天线		磁性天线是接收电磁波的，是由一个铁氧体磁棒和线圈绕组组成的，当磁力线穿过套在磁棒上的线圈时，在线圈绕组内能够感应出比较高的高频电压，所以磁性天线兼有放大高频传号的作用。此外，磁性天线还有较强的方向性
印制板电感		一种用印制电路板制造电感线圈的工艺方法，根据电感量大小设计线圈匝数和线径；该工艺方法简单、实用、成本低、可靠性高等优点。 适用于体积小、高频通信设备中
振荡线圈		小型振荡线圈由支架、工字磁心、磁帽、绕组、支座、引脚及屏蔽罩等组成。绕组绕制在工字形磁心上，而磁心固定在支座上。拧动磁帽可上下移动，用以改变电感量的大小。在磁帽上一般还涂有色漆，以区别于外形与其相同的半导体收音机中频变压器

4. 贴片电感

贴片电感元件在电路中的应用数量较少，仅仅在低压直流控制电源的输出端见到其应用，与滤波电容构成 CLC 的 π 形滤波电路，有稳定输出电流的作用。电感元件由单线圈组成，有的带磁心（电感量较大），单位一般用 μH 和 mH 表示，流通电流值为几毫安至几百毫安。

　　贴片电感有圆形、方形和矩形等封装形式，颜色多为黑色。带铁心电感（或圆形电感），从外形上看易于辨识。但有些矩形电感，从外形上看，更像是贴片电阻元件。一般电子设备生产厂家对电路板上贴片电感的标号，标有"L"字样。

　　电感的工作参数有电感量、Q 值（品质因数）、直流电阻、额定电流、自谐频率等，但贴片电感受体积局限，大多只标注出电感量，其他参数未予标注，而且往往是间接标注法——贴片电感本体上标注，只是整个规格型号的部分信息，即大多只是电感量信息。

　　（1）贴片电感的类型。片式电感器主要有 4 种类型，即绕线型、叠层型、编织型和薄膜片式电感器。常用的是绕线式和叠层式两种类型。前者是传统绕线电感器小型化的产物；后者则采用多层印刷技术和叠层生产工艺制作，体积比绕线型片式电感器还要小，是电感元件领域重点开发的产品。

　　（2）贴片电感的标注。贴片电感的标注方法没有完全统一的标准，各大生产企业有自己的命名方法，但不外乎有类型、尺寸、误差、封装形式、电感量等信息。由于贴片电感体积很小，有时实际标注仅有电感量、误差等信息。

　　贴片电感的标注举例：实际（印字）标注——101，完整型号——MPI 0610 M T 101（含有类型、尺寸、误差、封装形式、电感量等信息），是电感量为 100μH 的贴片电感。

　　1R1，是电感量为 1.1μH 的贴片电感。10N（N 指 nH），是电感量为 0.01μH 的贴片电感。

　　有的用一个字母表示电感（代码标注法），实际标注——E，完整型号——MPE0312NT2R7，是电感量为 2.7μH 的贴片电感。

　　（3）贴片电感的辨识方法如下。

　　1）从外形，如带磁心方形或圆形电感，体积稍大，能看出磁心和线圈。

　　2）有的贴片电感从外形上与贴片电阻一样，但没有数字与字母标注，只有一个小圆圈的标注，意为电感元件。

　　3）在 PCB 上标有元件序号，往往标为 L 字样，如"L1"、"DL1"等。

　　4）有电感量标注，如 101、4R7、10N 等字样。没有标注的默认单位为 μH。

　　5）理想电感的交流电阻较大，而直流电阻为零。电感元件的测量电阻值极小，电阻值近于为零欧姆。从 3）、4）、5）项，配合观察和测量（在电路中的位置和作用），能区别出元件是贴片电阻还是贴片电感，并判定出电感元件。

　　6）用专用电感量测试仪，将元件脱开电路，测量其电感量。

2.3.3　变压器

　　变压器是一种特殊的电感器。它是利用两个（或多个）电感线圈靠近时的互感应现象工作的，在电路中可以起到电压变换、电流变换和阻抗变换的作用，同时起传递耦合信号的作用，是电子产品中十分常见的元件。在电路图中用文字符号"T"表示。常见变压器图形符号见表2-33。

表 2-33　　　　　　　　　　　　　常见变压器图形符号

铁心双绕组变压器	带屏蔽隔离的变压器	铁心双绕组抽头变压器	铁心三绕组变压器

带屏蔽的可调变压器	可变耦合的变压器	微调变压器	调压变压器

1. 变压器的结构

变压器的基本结构由绕组、骨架、铁心等组成。低频变压器采用铁心，中频和高频变压器一般是空气心或特制的磁心。

根据硅钢片的形状不同可分为 EI（壳型、日型）、UI、口型和 C 型等；整体磁心分为三种类型，即环形磁心（T CORE）、棒状铁心（R CORE）和鼓形铁心（DR CORE）。

2. 变压器的分类

变压器按工作频率可分为低频变压器、中频变压器和高频变压器。变压器按磁心材料不同，可分为高频、低频和整体磁心三种。高频磁芯是铁粉磁心，主要用于高频变压器，具有高导磁率的特性，使用频率一般为 1～200kHz。低频磁心是硅钢片，磁通密度一般为 6000～16 000Gs，主要用于低频变压器。

3. 低频变压器

低频变压器用来传输信号电压和信号功率，还可实现电路之间的阻抗匹配，对直流电具有隔离作用。低频变压器又可分为音频变压器和电源变压器两种；音频变压器又分为级间耦合变压器、输入变压器和输出变压器，其外形均与电源变压器相似。

（1）音频变压器。音频变压器的主要作用是实现阻抗变换、耦合信号以及将信号倒相等。因为只有在电路阻抗匹配的情况下，音频信号的传输损耗及其失真才能降到最小。

1）级间耦合变压器。级间耦合变压器用在两级音频放大电路之间，作为耦合元件，将前级放大电路的输出信号传送至后一级，并做适当的阻抗变换。

2）输入变压器。在早期的半导体收音机中，音频推动级和功率放大级之间使用的变压器为输入变压器，起信号耦合、传输作用，也称为推动变压器。

输入变压器有单端输入式和推挽输入式。若推动电路为单端电路，则输入变压器为单端输入式；若推动电路为推挽电路，则输入变压器为推挽输入式。

3）输出变压器。输出变压器接在功率放大器的输出电路与扬声器之间，主要起信号传输和阻抗匹配的作用。输出变压器也分为单端输出变压器和推挽输出变压器两种。

4）电源变压器。电源变压器的作用是将 50Hz、220V 交流电压升高或降低，变成所需的各种交流电压。按其变换电压的形式，可分为升压变压器、降压变压器和隔离变压器等。

（2）电源变压器。电源变压器有"E"型电源变压器、"C"型电源变压器和环型电源变压器之分。

1）"E"型电源变压器的铁心用硅钢片交叠而成。其缺点是磁路中的气隙较大，效率较低，工作时电噪声较大，优点是成本低廉。

2）"C"型电源变压器的铁心由两块形状相同的"C"型铁心（由冷轧硅钢带制成）组合而成，与"E"型电源变压器相比，其磁路中气隙较小，性能有所提高。

3）环形电源变压器的铁心由冷轧硅钢带卷绕而成，磁路中无气隙，漏磁极小，工作时电噪声较小。

　　4.　常用电源变压器介绍

　　电源变压器是低频变压器的一种，在电子电器设备中的作用是把市电变换成各种高、低不同的交流电压，它主要起变换交流电压和电流的作用。

　　常见的各类电源变压器见表 2-34。

表 2-34　　　　　　　　　　　　常用变压器外形特征及特点与应用

名　称		外形特征	结构、特点与应用
电源变压器	单相环式自耦变压器		用优质冷轧硅钢片无缝地卷制而成。由于线圈均匀地绕在铁心上，线圈产生的磁力线方向与铁心磁路几乎完全重合。效率高，外形尺寸小，重量轻、漏磁小，电磁辐射也小，无需屏蔽就可以用到高灵敏度的电子设备上，例如应用在医疗设备上
	单相环形变压器（R 型）		其铁心系采用宽窄不一的优质取向冷轧硅钢带卷制成腰圆形，截面呈圆形，不用切割即可绕制。具有无噪声、漏磁小、空载电流小、铁损低、效率高；铜耗低，温升低，过载波动小的特点特别适用于医疗设备、显示设备、音响设备、办公设备
	单相变压器（CD 型）		由两个"C"型铁心组成，又称为 CD 型铁心。绕组分两组绕在铁心的两侧，然后用串并联的方式连接。CD 型电源变压器具有磁通密度较大、体积小、重量轻、效率高的特点，在电子设备、仪器仪表及家用电器上得到了广泛的应用
	单相普通变压器（EI 型）		EI 电源变压器时使用最为广泛的一种小型变压器，适用于电子设备的一般电源和机械设备中的安全照明电源
	平面变压器		平面变压器其磁心、绕组均是平面结构，采用多层 PCB 绕组。频率自 20kHz 到 2MHz，效率通常可达 98%。 广泛应用于电信、电焊机、计算机和外设、网络、医疗电子、工业控制、安全系统等电子设备中
	自耦变压器		自耦变压器是一、二次侧共用一个绕组的变压器。与同容量的普通变压器相比，具有尺寸小，效率高。且容量越大，电压越高，其优点就越突出。随着电压等级的提高和输送容量的增大，自耦变压器由于其容量大、损耗小、造价低而得到广泛应用

名　称		外形特征	结构、特点与应用
电力变压器	三相变压器		SG、SBK（ZSG）系列三相干式变压器，适用于电子工业或工矿企业，用做机械设备中一般电器的照明、动力控制电源
	电力变压器		电力变压器是一种静止的电气设备，由铁心和套于其上的两个或多个绕组组成。通过电磁感应将一个系统中某一数值的交流电压（电流）变成频率相同的另一种或几种数值不同的电压（电流）的设备

5. 电子电路中使用的变压器

常见电子电路中使用的变压器外形特征及特点与应用见表 2-35。

（1）中频变压器。中频变压器旧称中周，是超外差式收音机和电视机中的重要组件。中频变压器的磁心是用具有高频或低频特性的磁性材料制成的，低频磁心用于调幅收音机，高频磁心用于电视机和调频收音机。中频变压器属于可调磁心变压器，由屏蔽外壳、磁帽（或磁心）、尼龙支架、"工"字磁心和引脚架等组成。调节其磁心，改变线圈的电感量，即可改变中频信号的灵敏度、选择性及通频带。不同规格、不同型号的中频变压器不能直接互换使用。近年来，陶瓷滤波器的使用已在某些电路中取代了中频变压器。

中频变压器一般由磁心绕组支架、底座和屏蔽外壳组成。调节磁心在绕组骨架中的深浅位置可以改变电感量，使电路在特定频率谐振。

中频变压器的工作频率范围从几千赫到几十兆赫，其谐振频率在调幅收音机中为465kHz，在调频式收音机中为 10.7MHz；电视机中的中频变压器有多种，工作频率也有好几种，低的有 6.5MHz，较高的有 38MHz 等数种。

（2）音频变压器。音频变压器是低频变压器的一种，在电子电器设备中的作用是实现阻抗匹配和不失真传送信号功率、信号电压。它既能耦合信号，变换阻抗，又能隔直流。

（3）高频变压器。高频变压器多数应用于开关电源中作为储能原件使用，因此习惯上又称开关变压器。它具有体积小、重量轻、宽电压输入、高可靠、高性能、低成本等特点，是各种开关电源的必备储能器件，广泛应用于如家用电器，通信设备，计算机等电子设备中。

（4）行输出变压器。行输出变压器是一种专用电子器件，广泛应用于有 CRT 显像管的电子设备中，像各类电视机、计算机显示器、各类医疗设备等。利用它的升压作用能给 CRT 显像管电子枪提供各种所需高电压，所以习惯上又俗称高压包。

（5）天线线圈。天线线圈属于高频变压器。用于收音机中的天线线圈有两种：一种是磁性天线线圈，另一种是调感式天线线圈。磁性天线线圈是调节绕组在磁棒上的位置来改变电感量的。

（6）振荡线圈。振荡线圈又称振荡变压器，它也属于高频变压器的一种。在收音机变频电路中与可变电容器组成谐振回路。有些收音机的振荡变压器与中频变压器的尺寸和外形完全相同，但可以从屏蔽罩上的标志和磁帽上的颜色加以区别。

（7）开关变压器。开关变压器应用在各类开关稳压电源电路中，属于脉冲电路用振荡变压器。其主要作用是向负载电路提供能量，开关变压器二次侧有多组电能释放绕组，可产生多路脉冲电压，经整流、滤波后供给各有关电路。还可实现输入、输出电路之间的隔离。

开关变压器采用"EI"型或"EE"型、"Ea"型等高导磁率磁心。

表 2-35　　　　　　常用电子电路中使用的变压器外形特征及特点与应用

名　称		外形特征	结构、特点与应用
电子电路使用的变压器	中频变压器		中频变压器旧称"中周"，是超外差式接收机特有元件。整个结构装在金属屏蔽罩中，下有引出脚，上有调节孔。一次绕组和二次绕组都绕在磁心上，磁帽罩在磁心外面。磁帽上有螺纹，能在尼龙支架上旋转。调节磁帽和磁心的间隙可以改变线圈电感量
	音频变压器		音频变压器是工作在音频范围的变压器，又称低频变压器。工作频率范围一般从 10～20 000Hz。常用于变换电压或变换负载的阻抗。在无线电通信、广播电视、自动控制中作为电压放大、功率输出等电路的元件
	高频变压器		具有体积小，质量轻，宽电压输入，高可靠，高性能，低成本，广泛用于各种开关电源的储能器件，如家用电器，通讯设备，计算机等电子设备中
	行输出变压器（高压脉冲变压器）		行输出变压器也叫逆程变压器，行回扫变压器，俗称高压包，包含低压、高压绕组；是以 CRT 显像管为显示设备的电器中最重要的元件之一。提供 CRT 显像管所需要的各种电压，有的还提供其他电路需要的脉冲信号。属于高频脉冲变压器系列

2.3.4　线圈和变压器的检测

1. 电感线圈的检测

（1）外观的检测。在测量和使用线圈之前，应先对线圈的外观、结构进行仔细检查，主要观察外形是否完好无损，磁性材料有无缺损、裂缝，金属屏蔽罩是否有腐蚀氧化现象，线圈组是否清洁干燥，导线绝缘是否完好，铁心是否发生锈蚀或氧化等。

对于调节磁心的线圈，可用专用螺丝刀轻轻地转动磁帽（或磁心），旋转应轻松而不打滑，但应转动后将磁帽（或磁心）调回原处，必要时做好标记位置，以免电感量发生变化。通过这些外观检查，并判断基本正常后，再用万用表或专用仪器测量。

（2）用万用表测量线圈的直流电阻值及电感量。下面以测量一个电磁灶的线圈为例解说电感线圈的测量方法。使用指针式万用表测量时，首先应将红黑表笔正确地插入相应的插孔内，如图 2-40（a）所示。再将万用表的功能挡打在"Ω"挡上，可适当选择万用表的欧姆挡位，并进行调零操作，如图 2-40（b）和图 2-40（c）所示。将万用表的两只表笔分别接电磁灶电感线圈的两个接线头，测出其电阻值；将两只表笔对换再测量一次，若阻值相同且基本在标称范围之内，则说明此线圈是好的。多股线圈在检查时应注意细心观察接头处的多股线是否每根都绞合在一起并焊牢。对于以上测量：若测量出的阻值为无穷大，则说明内部线圈导线已断路，线圈已损坏；若测量有一定的阻值且在正常范围内，则说明此线圈正常；若测量出的阻值偏小或为零，则说明线圈匝间（或层间）有局部短路或完全短路现象，如图 2-40（d）所示。

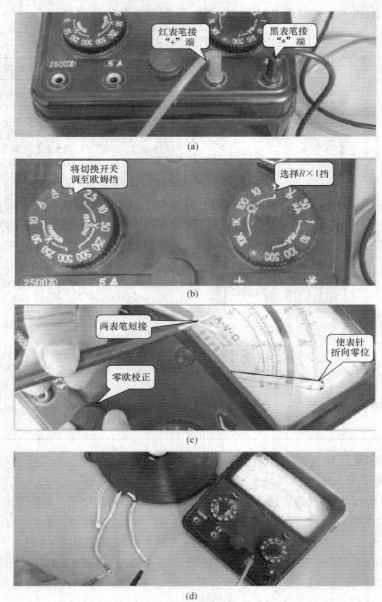

图 2-40　电感线圈的检测方法演示

（a）红黑表笔插入相应插孔；（b）选择欧姆挡位；（c）欧姆调零；（d）测量电阻值判断线圈状态

在测量线径较粗的线圈时，其直流电阻值很小，这时不能简单断定线圈就存在短路现象。

（3）用专用仪器检测电感线圈。Q 表是检测电感器电感量和品质因素的专用仪器，它可以直接测量 0μH～100mH 的电感量。使用交流电桥也能测量电感线圈。

2. 变压器的检测

（1）外观检查。检查线圈引线是否断折、脱焊，绝缘材料是否烧焦，有无表面破损等。

（2）直流电阻的测量。变压器的各绕组线圈的直流电阻通常较小，选择万用表 R×1Ω 或 R×10Ω 挡，分别测量一次绕组和二次绕组的直流电阻值，其阻值一般在几十欧姆至几百欧姆之间，说明变压器是好的；如果某级线圈的电阻值无穷大，则说明这个线圈短路了。

（3）绝缘电阻的测量。变压器各绕组线圈和铁心之间；绕组与绕组之间的绝缘可用兆欧表进行测量，一般电源变压器的绝缘电阻不应小于 1000MΩ。

（4）温升。对于小功率电源变压器，让其在额定输出电流下工作一段时间，然后切断电源，用手摸变压器的外壳，若感觉温热，则表明变压器温升符合要求；若感觉非常烫手，则表明变压器温升指标不符合要求。普通小功率变压器允许温升是 40～50℃。

任务 2.4 半 导 体 器 件 的 认 知

【任务目标】

- 了解常用半导体器件外形及封装形式
- 掌握常用半导体分立元器件的型号、命名及识别方法
- 掌握常用二极管的种类、封装结构、特性参数、使用场合及检测方法
- 掌握常用三极管的种类、封装结构、主要技术参数、使用场合及检测方法
- 掌握常用场效应管的种类、技术参数、使用场合及检测方法
- 了解光电二、三极管的特性及使用注意事项

半导体分立器件包括半导体二极管、半导体三极管（BTJ）、场效应三极管、半导体闸流管（晶闸管）即可控硅，这里主要介绍除晶闸管以外的其他类型的半导体元器件。

2.4.1 常用半导体分立器件外形及封装形式

国产半导体分立器件外形及封装形式很多，通常用字母和数字表示，常见半导体分立器件外形及封装形式如图 2-41 所示。

二极管常见的封装形式有玻璃封装的 EA 型、塑料封装的 EH 型、陶瓷封装的 ET 型、ER 型以及螺栓型的 C2-01、C2-02 型等。也有少数因特殊需要而制成圆柱形或圆片型的。

三极管常见的封装形式有金属封装的 B 型、C 型、D 型、E 型、F 型、G 型和塑料封装的 S 型系列。

半导体分立器件每个类型中，根据尺寸的不同，又可分为若干类别，如 B 型有 B-1（3DG6 类）、B-3（3DG12 类）；F 型有 F-1（3AD6、DD01 类）、F-2（3AD30、3DD015 类）等。塑料封装的 S 型系列有 S-1～S-8 等。其中，S-1、S-2 为小功率三极管；S-4 为中功率三极管；S-3、S-5、S-6、S-7、S-8 为大功率三极管。

国外半导体分立器件，如日本的 2S 系列（2SA、2SB、2SC、2SD）；美国的 2N 系列，普遍采用 TO 系列形式封装。其中 TO-92 与 S-1 相似，TO-92L 与 S-5 相似，TO-126 与 S-4 相似，TO-202 与 S-6B 相似，TO-220 与 S-7 相似，TO-3、TO-66 分别与国产金属封装的 F2、

F3 相似。

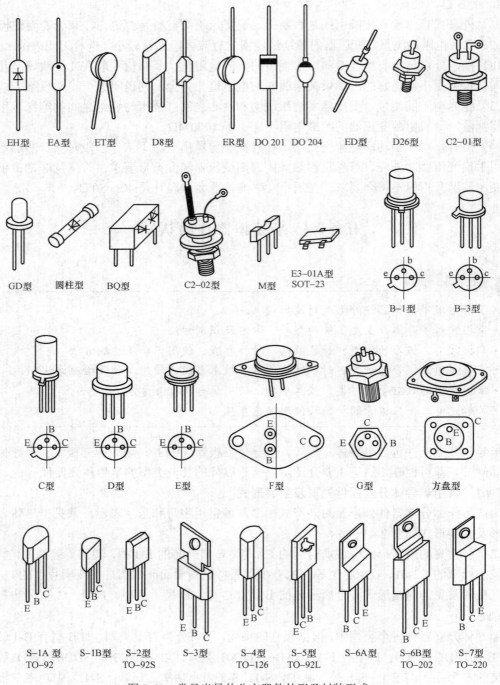

图 2-41　常见半导体分立器件外形及封装形式

少数半导体分立器件有时还采用非标准的封装形式，使用时应注意管脚的区别。在使用三极管时，必须注意管脚排列的区别。在图 2-41 中标明了三极管的管脚排列，但管脚排列有时不尽相同。如 CS9013 类塑封三极管，通常采用 S-1B 形式封装，其管脚除图示的 e、b、c

向排列外，还有 b、c、e 向排列的产品。因此，在使用时一定先检查管脚排列，以免装错，造成人为故障。

2.4.2 半导体分立器件的型号、命名方法及识别

1. 国产半导体分立器件的型号与命名方法

按照国家标准规定一般由五个部分组成。第一部分用数字表示半导体分立器件的电极数目，第二部分用汉语拼音字母表示半导体分立器件的材料和极性，第三部分用汉语拼音字母表示半导体分立器件的类型，第四部分用数字表示半导体分立器件的序号，第五部分用汉语拼音字母表示规格号。

场效应器件、半导体特殊器件、复合管、激光器件的型号只有第三、四、五部分而没有第一、二部分。国产半导体分立器件的型号组成部分及意义见表 2-36。

表 2-36　　　　　　　　　国产半导体分立器件的型号与命名方法

第一部分		第二部分		第三部分			
用阿拉伯数字表示器件的电极数		用汉语拼音字母表示器件的材料和极性		用汉语拼音字母表示器件的类型			
符号	意义	符号	意义	符号	意义	符号	意义
2	二极管	A	N 型锗材料	P	普通管	—	—
		B	P 型锗材料	V	微波管	T	可控整流器
		C	N 型硅材料	W	稳压管	Y	体效应器件
		D	P 型硅材料	C	参量管	B	雪崩管
3	三极管	A	PNP 型锗材料	Z	整流管	J	阶跃恢复管
		B	NPN 型锗材料	L	整流堆	CS	场效应器件
		C	PNP 硅锗材料	S	隧道管	BT	半导体特殊器件
		D	NPN 硅锗材料	N	阻尼管	FH	复合管
		E	化合物材料	U	光电器件	PIN	PIN 型管
				K	开关管	JG	激光器件
				X	低频小功率 $(F_{hfb} < 3\text{MHz}, P_c < 1\text{W})$	D	低频大功率 $(F_{hfb} < 3\text{MHz}, P_c \geqslant 1\text{W})$
				G	高频小功率 $(F_{hfb} \geqslant 3\text{MHz}, P_c < 1\text{W})$	A	高频大功率 $(F_{hfb} \geqslant 3\text{MHz}, P_c \geqslant 1\text{W})$

注　表格中未列第四、第五部分，它们分别为：第四部分是用阿拉伯数字表示序号；第五部分是用汉语拼音字母表示规格号。

2. 美国半导体器件的命名方法

美国电子工业协会（EIA）规定的半导体器件的命名型号由五部分组成，第一部分为前缀，第五部分为后缀，中间部分为型号的基本部分，见表 2-37。

表 2-37　　　　　　　　　　　　　　　　美国半导体器件的命名方法

第一部分		第二部分		第三部分		第四部分		第五部分	
用符号表示 用途		用数字表示 PN 结数目		美国电子工业协会 注册标志		美国电子工业协会 登记号		用字母表示 器件分挡	
符号	意义	符号	意义	符号	意义	符号	意义	符号	意义
JAN 或 J	军用品	1	二极管	N	该器件是在美国电子工业协会注册登记的半导体器件	数字	该器件是在美国电子工业协会注册登记的半导体器件	A B C D	同一型号器件的不同挡别
		2	三极管						
无	非军用品	3	三个 PN 结器件						
		n	n 个 PN 结器件						

3. 日本半导体器件的命名方法

日本半导体器件型号由五至七个部分组成，前五个部分其符号及意义见表 2-38，第六、七部分的符号及意义通常由各公司自行规定。

表 2-38　　　　　　　　　　　　　　　　日本半导体器件的命名方法

第一部分		第二部分		第三部分		第四部分		第五部分	
符号	意义	符号	意义	符号	意义	符号	意义	符号	意义
0	光电二极管或三极管	S	已在日本电子工业协会注册登记的半导体器件	A	PNP 型高频晶体管	数字	用两位以上数字表示在日本电子协会登记注册的顺序号	A B C D E F	该器件为原型号的改进型产品
1	二极管			B	PNP 型低频晶体管				
2	三极管或有三个电极的其他器件			C	NPN 型高频晶体管				
				D	NPN 型低频晶体管				
				E	P 控制极可控硅				
				G	N 控制极可控硅				
3	四个电极的器件			H	N 单结晶体管				
				J	P 沟道场效应管				
				K	N 沟道场效应管				
				M	双向可控硅				

2.4.3　半导体二极管

1. 半导体二极管的结构

半导体二极管又名晶体二极管，是半导体器件中最基本的一种器件。二极管实际上是由一个 PN 结组成的。常用的二极管外形和引脚排列如图 2-42 所示。

2. 二极管的主要特性

这里介绍二极管的主要特性，对理解二极管在电路中的作用、工作原理是非常有用的。PN 结的基本特性是它的单向导电性，所以，晶体二极管具有单向导电性，即加上正向电压时导通电阻值很小；接上反向电压时，二极管截止，电阻值非常大，接近断路。单向导电特性是二极管的基本特性。二极管具有两个电极，在电子电器设备中得到广泛应用。

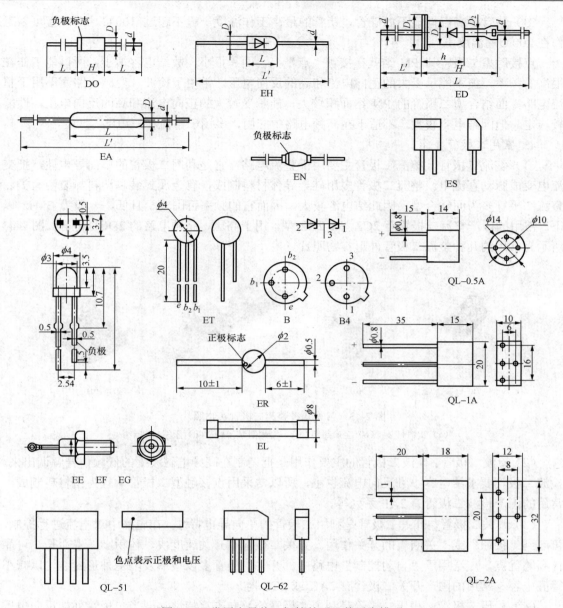

图 2-42　常用半导体二极管外形及其引脚排列

3. 半导体二极管的种类

二极管种类很多，按结构分有面结合二极管和点接触二极管。按材料分有锗（Ge）二极管和硅（Si）二极管和砷化镓（GaAs）二极管。按工作原理分有隧道二极管、雪崩二极管、变容二极管等。按用途分有检波二极管、整流二极管、开关二极管和稳压二极管等。

目前锗二极管和硅二极管应用最为广泛，它们虽然都是由 PN 结组成，但由于材料不同，性能也有所不同。

（1）锗管正向电压降比硅管小，锗管一般为 0.2V 左右，硅管一般为 0.7V 左右。

（2）锗管的反向饱和漏电流比硅管大，锗管一般为几十微安，硅管更小几乎为零。

（3）锗管耐高温性能不如硅管，锗管的最高工作温度一般不超过 100℃，而硅管可以工作在 200℃的温度下。

点接触型二极管其 PN 结就在接触"点"上，面积很小，故结电容很小，所以能工作在很高的频率，但不能承受大的正向电流和高的反向电压，常用于检波、变频电路而不用于整流电路。面结合型二极管的 PN 结面积较大，能承受较大的正向电流和高的反向电压，性能较稳定。但因结电容较大，不适于在高频电路中应用，多用于整流稳压电路。

4. 常用二极管介绍

（1）整流二极管。整流二极管主要用于整流电路，它是利用二极管的单向导电性，把交流电变成脉动直流电。整流二极管多用硅半导体材料制成，有金属封装和塑料封装两大类。整流二极管多为面结合型，因此结电容较大，因而它的频率范围较窄且低，一般为 3kHz 以下。常用的国产整流二极管有 2CZ 型、2DZ 型，用于高压、高频电路的 2DGL 型等。图 2-43 所示为常用的几种整流二极管外形实物照片。

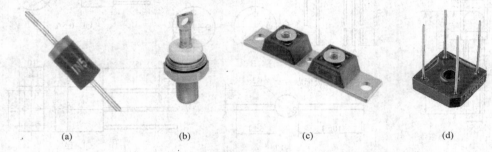

图 2-43　常见几种整流二极管实物照片
（a）塑料封装；（b）金属封装；（c）金属封装半桥；（d）塑料封装全桥

（2）检波二极管。检波二极管的主要作用是把调制在高频电磁波上的低频信号解调出来。检波二极管要求结电容小且反向电流也小，所以常采用点接触型二极管，且为锗材料制成。常用的国产检波二极管有 2AP 系列等。

（3）开关二极管。开关二极管是利用二极管的单向导电特性，在电路中对电流进行控制，可起到"接通"或"关断"的开关作用。开关二极管有开关速度快、体积小、寿命长、可靠性高等优点，广泛用于"自动控制"电路中。开关二极管多以玻璃及陶瓷外形封装，以减小管壳电容。常用的国产开关二极管有 2AK 或 2CK 等。

（4）稳压二极管。稳压二极管是利用二极管的反向击穿特性，即当二极管外加反向电压大到一定数值的时候，反向电流会突然增大，这种现象称为反向击穿现象。击穿时只要限制反向电流的大小，这种击穿可以是非破坏性的。在击穿的时候，尽管流过二极管的电流在很大范围内变化，但二极管两端的电压几乎不变，这样就可实现稳压的目的。常用的国产稳压二极管有 2CW 和 2DW 系列。

（5）阻尼二极管。阻尼二极管常用于高电压电路中，能承受较高的反向击穿电压和较大的峰值电流。常用于电视机扫描电路中的阻尼、整流电路里，也用于开关电源的续流电路中。可以用硅或锗材料制成，常用国产阻尼二极管有 2CN 系列。

（6）高压硅堆。高压硅堆是把多个硅整流器件的芯片串联起来，外用陶瓷或环氧树脂封装成一个整体的高压整流器件。常用于电视机电路和医疗设备电路中的高频、高压整流电路中。常见的国产硅堆有 2DL、2CL、2DGL、2DH、2CG 等。

（7）变容二极管。变容二极管是利用 PN 结的空间电荷层具有电容特性原理制成的特殊二极管。它的特点是结电容随加到管子上的反向电压大小而变化。在一定范围内，反向偏压越小，结电容越大；反向偏压越大，结电容越小。人们利用此特性来取代可变电容器的功能。

变容二极管多采用硅或砷化镓材料制成，采用陶瓷和环氧树脂封装。变容二极管在通信设备电路中用于调谐电路和自动频率微调电路中。

（8）发光二极管。发光二极管用 LED 表示，它是一种半导体发光器件，可把电能转变为光能。在电子设备中常用作指示装置。当正向电压为 1.5～3V 时，发光二极管就会发光。根据不同制造材料和工艺，发光颜色有红、绿、黄、白、蓝等。发光二极管外形有圆柱形、矩形、根据使用场合制作的异形；还有组合在一起的数码发光管及点阵发光板等，如图 2-44 和图 2-45 所示。

图 2-44 发光二极管

图 2-45 数码发光二极管

近年来随着新材料新技术的发展，发光二极管不仅作指示用，而且当发光光源来使用，已广泛应用在民用灯具、汽车车灯等领域。

（9）光电二极管。光电二极管也是由一个 PN 结构成的。它的 PN 结面积较大，是专为接收入射光而设计的。它是利用 PN 结在施加反向电压时在光线照射下反向电阻由大变小的原理来工作的。当没有光照射时反向电流很小，而反向电阻很大。当有光照射时，反向电阻减小，其反向电流增大。常见的国产光电二极管有 2AU、2CU 和 2DU 等，如图 2-46所示。

5. 二极管的简单测试与选用

（1）二极管的测试。

1）普通二极管的测试。鉴别二极管好坏的最简单方法

图 2-46 光电二极管

是用万用表测其正反、向电阻，如图 2-47 所示。对于指针式万用表，可用万用表红表笔接二

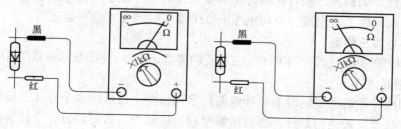

图 2-47 二极管的检测

极管负极，黑表笔接正极，测的是正向电阻；把表笔对调后测的是反向电阻。通常小功率锗二极管的正向电阻值在 $300\sim500\Omega$ 之间，硅二极管一般为几千欧。锗管反向电阻为几十千欧（几十千欧），硅管反向电阻在 $500k\Omega$ 以上甚至更大。正反向电阻的差值越大越好。若测得反向电阻较小或为零，则说明二极管已被击穿。

2）稳压二极管的测试。判断稳压管是否断路或击穿，选用 $R\times100$ 挡，测量方法同普通二极管的测试方法。若测得正向电阻为无穷大，则说明稳压管内部断路；若测得反向电阻近似为零，则说明稳压管被击穿；若正反向电阻值相差太小，则说明稳压管性能变坏或失效。以上三种情况的稳压管都不能再使用。

3）发光二极管的测试。用 $R\times10k$ 挡测其正反向电阻值，正向电阻应小于 $50k\Omega$，反向电阻值应大于 $200k\Omega$ 为正常，若正反向电阻值均为无穷大，则说明发光二极管已损坏。另外用 $R\times10k$ 挡测其正向电阻时，一般情况下，对着管芯会看到其发光。

4）光电二极管的测试。光电二极管是一种能把光照强弱的变化转换成电信号的半导体器件。光电二极管的顶端有一个能射入光线的窗口，光线通过窗口照射到管芯上，在光的激发下，管内产生大批"光生载流子"，其表现为反向电流大大增加，使内阻减小。

光电二极管正向电阻是不随光照而变化的阻值，约为几千欧姆，其反向电阻值在无光照时应大于 $200k\Omega$，受光照时其反向电阻值变小，光照越强，反向电阻值越小，甚至降到几百欧姆。去除光照后，反向电阻值会立即恢复到原来的值。

根据上述原理，用万用表测光电二极管的反向电阻，边测边改变光电二极管的光照条件（如用黑纸开启或遮盖管顶窗口），观察光电二极管反向电阻的变化。如果在有光照或无光照时，反向电阻无变化或变化很小，则说明该管子已失效。

（2）二极管的选用。在工作中，一般可根据用途和电路的具体要求来选择二极管的种类、型号及参数。

选用检波二极管时，主要应使管子的工作频率满足电路频率的要求，结电容小的检波效果较好。常用的国产检波二极管有 2AP 系列，也可用锗开关二极管 2AK 代替。

选用整流二极管时，主要考虑其最大整流电流和最高反向工作电压是否满足电路要求。常用的国产整流二极管有 2CP 和 2CZ 系列。

在开关电源中广泛使用的高速整流二极管（快恢复二极管）不能用普通整流二极管来代替，虽然其最大整流电流和最高反向工作电压也能满足电路要求，但由于其恢复时间不够而使得发热严重而损坏。

在维修电器设备时，如果不宜找到原损坏的二极管的型号，则可考虑使用其他型号的二极管来代换。代换方法是查清原二极管的工作性质和主要参数，然后换上与其参数相当的其他型号的二极管。如检波二极管代换时，只要工作频率不低于原型号的就可以用；对于低频整流二极管，则只要工作电流、反向电压不低于原型号的要求就可以使用。

2.4.4　半导体三极管

半导体三极管简称三极管，下面介绍三极管的类型、特性、主要技术参数及简单的测试方法。

1. 三极管的种类

三极管因两种载流子要同时参与导电而得名双极型，通常所说半导体三极管（简称三极管）就是指双极型。按结构划分，有点接触型和面接触型；按材料分，有锗管和硅管；按工作频率分，有高频三极管、低频三极管、开关管；按功率大小分，有大功率、中功率、小功率三极管；按封装形式分，有金属封装和塑料封装等形式；按极性分，有 NPN 型和 PNP 型。由于三极管的品种多，在每类当中又有若干具体型号，参数特性不一，因此在使用时务必分清不能疏忽。

三极管有两个 PN 结，三个电极（发射极、基极、集电极）。按 PN 结的不同构成，有 PNP型和 NPN 型两种类型。常见三极管的外形和引脚及封装形式如图 2-48 所示。

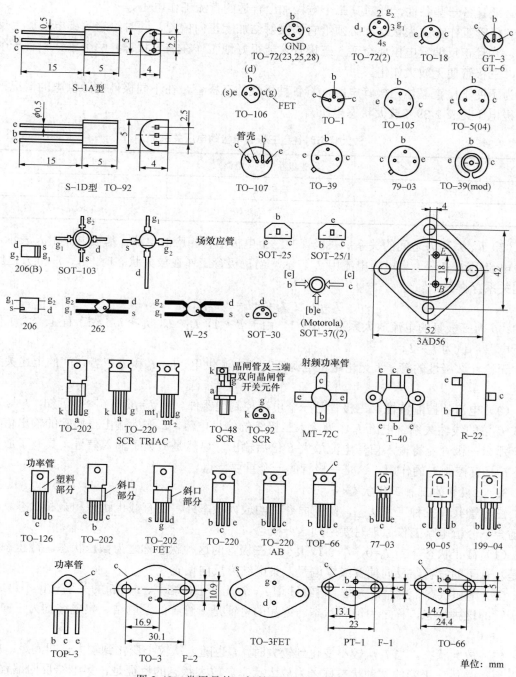

图 2-48　常用晶体三极管外形及其引脚排列

塑封管是近年来发展较迅速的一种新型晶体管，应用越来越普遍。这种晶体管有体积小、重量轻、绝缘性能好、成本低等优点。但塑封管的不足之处是耐高温性能差。一般用于 125℃ 以下的范围（管壳温度 T_c 小于 75℃）。

2. 三极管的主要特性

（1）放大条件。三极管在电路中的重要应用之一是用于放大电信号。但要它处于放大状态，必须具备一些条件，即对其三个电极加上合适的直流工作电压。

三极管工作在放大状态，必须给它的发射结加上正向偏置，同时给它的集电结加上反向偏置，并且正反偏置电压要合适，三极管才能很好地工作在放大状态。两个条件中有一个不满足，三极管便无放大作用。

为了便于检查晶体三极管电路，将各种极性的三极管，在不同极性电源供电的情况下，各电极电压见表 2-39（放大状态电压）。

表 2-39　　　　　　　　放大状态时各型三极管电极的电压关系

管　型	正极性供电（电位）	负极性供电（电位）
NPN 型	$U_C > U_B > U_E$	$U_C > U_B > U_E$
PNP 型	$U_E > U_B > U_C$	$U_E > U_B > U_C$

（2）I_b、I_c 和 I_e 之间的关系。三极管的三个电极都有相应的电流，基极电流用 I_b 表示，发射极电流用 I_e 表示，集电极电流用 I_c 表示。当三极管工作在放大状态时，I_b、I_c 和 I_e 之间有下列关系存在。

$$I_c = \beta I_b \qquad I_e = I_b + I_c = (1+\beta) I_b$$

式中：β 为三极管的电流放大系数，$\beta \gg 1$。由于 $\beta \gg 1$，$I_e \gg I_b$，$I_c \gg I_b$。在工程上，为了便于分析电路，认为 $I_e \approx I_c$。

无论什么极性的管子，无论是正电源还是负电源供电，I_b、I_c 和 I_e 三者之间的上述关系均成立。

（3）电流的控制特性。三极管是一个电流控制型器件。由 $I_c = \beta I_b$，$\beta \gg 1$ 可知，I_c 与 I_b 之间成 β 倍的线性关系。电流 I_b 作为输入三极管的信号电流，I_c 作为输出三极管的输出信号电流，那么三极管能将输入信号电流放大 β 倍后输出，显然是放大了输入信号，具有了放大作用。I_b 具有控制 I_c 的作用，这是三极管的一个重要特点。

3. 三极管的三种工作状态

三极管共有三种工作状态，除前面介绍的放大状态外，还有截止状态和饱和状态。在许多场合下分析电路工作原理时要用到这一概念。

（1）截止状态。当 $I_b = 0$，$I_c = 0$ 或很小，三极管的这种状态称之为截止状态。截止态的特征是，管子的发射结反向偏置或零偏置，集电结为反向偏置。

（2）饱和状态。当 I_b 很大时，再继续增大 I_b，I_c 几乎不再增大，$I_c = \beta I_b$ 的关系式也不再成立。三极管的这种状态，称之为饱和状态。饱和的特征是，管子的发射结、集电结均为正向偏置且 $U_{ce} \approx 0$。

（3）放大状态。当 I_b 从较小变化到较大时，I_c 也随之从较小变化到较大，即满足：$I_c = \beta I_b$ 的关系。晶体三极管的这种状态称之为放大状态。放大状态的特征是，集电结反向偏置，发射结正向偏置。

4. 三极管的主要参数

三极管的参数可分为直流参数 β、I_{cbo}、I_{ceo} 等，交流参数 h_{FE}、f_T 等，极限参数等三大类。其极限参数通常有以下几个。

（1）集电极最大允许电流 I_{cM}。当集电极电流 I_c 增加到某一数值，引起 β 值下降到额定值的 2/3 或 1/2，这时的 I_c 值称为 I_{cM}。所以当 I_c 超过 I_{cM} 时，虽然不致使管子损坏，但 β 值显著下降，影响放大质量。

（2）集电极最大允许耗散功率 P_{cM}。集电流过 I_c，温度要升高，管子因受热而引起参数的变化不超过允许值时的最大集电极耗散功率称为 P_{cM}。管子实际的耗散功率于集电极直流电压和电流的乘积，即 $P_c = U_{ce} \times I_c$。使用时应使 $P_c < P_{cM}$。P_{cM} 与散热条件有关，增加散热片可提高 P_{cM}。

（3）集电极——基极击穿电压 BV_{cbo}。当发射极开路时，集电结的反向击穿电压称为 BV_{cbo}。

（4）发射极——基极反向击穿电压 BV_{ebo}。当集电极开路时，发射结的反向击穿电压称为 BV_{ebo}。

（5）集电极——发射极击穿电压 BV_{ceo}。当基极开路时，加在集电极和发射极之间的最大允许电压，使用时如果 $V_{ce} > BV_{ceo}$，管子就会被击穿。

为了能直观地表明三极管的电流放大系数，早期的三极管常在管壳上标上不同的色标（目前已不太使用），为选用三极管带来了很大的方便。

国产的锗、硅开关管，高、低频小功率管，硅低频大功率管 D 系列、DD 系列、CD 系列的分档标记见表 2-40。

表 2-40　　　　　　　　　国产部分三极管色标对应的 β 值

色标	棕	红	橙	黄	绿
β 值	5～15	15～25	25～40	40～55	55～80
色标	蓝	紫	灰	白	黑
β 值	80～120	120～180	180～270	270～400	400 以上

5. 半导体三极管的简单测试

常用三极管外形及其引脚排列如图 2-48 所示，其引脚排列及极性在图中作了标记。在工程实际中，有时虽然引脚排列很有规律，便于记忆，但判断器件好坏仍需进行检测，使用万用表进行测量就是经常使用的一种方法。

（1）指针式万用表测量三极管方法与经验。

1）判断三极管的极性。由于 NPN 型和 PNP 型极性不同，因此工作时不能相互调换。用万用表判断的方法是：将万用表置于 $R \times 1k$ 挡或 $R \times 100$ 挡，用万用表的黑表笔接三极管的某一引脚（假设它是基极），用红表笔分别接另外两极。如果表针指示的两个阻值都很小，则这个管子便是 NPN 管，这时黑表笔所接的引脚便是 NPN 管的基极；如果表针指示的两个阻值都很大，这个管便是 PNP 管，这时黑表笔所接的引脚便是 PNP 管的基极；如果表针指示的阻值一个很大，另一个很小，则这时黑表笔所接的引脚肯定不是三极管的基极，需换另外的引脚再检测，检测示意图如图 2-49 所示。

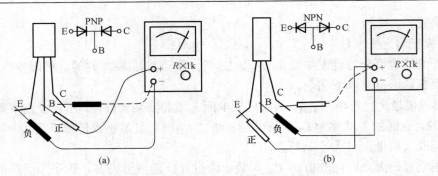

图 2-49　三极管基极的判断方法

（a）PNP 型管；（b）NPN 型管

2）判断三极管的集电极和发射极。按照上述方法首先可以判断出三极管的基极（b 极）和极性（PNP 型还是 NPN 型），然后用万用表判断三极管的另外两个极。将万用表置于 $R\times$ 1kΩ 挡或 $R\times100\Omega$ 挡，将两表笔分别接在剩下的两个极上，测其阻值，然后交换再测一次。在测量出电阻小的那一次的接法中，对于 PNP 型管，黑表笔接的是发射极（e 极），红表笔接的是集电极（c 极）对于 NPN 型管，则黑表笔接的是集电极（c 极）。这种测试方法有时不一定准确可靠，还可以用另一种方法测试，即根据两种管型的不同接法观察三极管的放大能力，从而作出准确地判断。

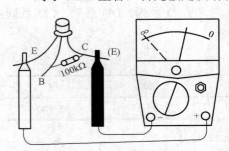

图 2-50　NPN 型三极管集电极、

发射极的判断方法

对于 NPN 型管，首先假定发射极和集电极，将万用表置于 $R\times$1k 挡或 $R\times100$ 挡，用红表笔接假定的发射极，用黑表笔接假定的集电极，此时表针应基本不动。然后用手指将基极与假定的集电极捏在一起（注意不要短路），这就相当于在图 2-50 所示中接入一个 100kΩ 左右的电阻。这时指针偏转一个角度。调换所假定的发射极和集电极，按照上述方法重新测量一次，把两次表针偏转角度进行比较，偏转角度大的那一次的电极的假定一定是正确的。

对于 PNP 型三极管，测试方法是一样的，不过要注意表笔极性的接法。应该用黑表笔接假定的发射极，用红表笔接假定的集电极，再用手指将基极与假定的集

电极捏在一起（也应注意不要短路），观察表针偏转情况，如图 2-51 所示。

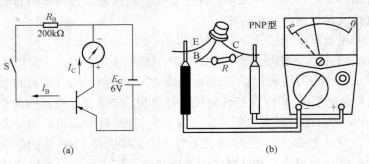

图 2-51　PNP 型三极管集电极、发射极的判断方法

（a）测试原理图；（b）测试接线图

（2）数字式万用表测量三极管方法与经验。用数字万用表可以十分方便地判断出三极管的三个电极、管子的类型（NPN 或 PNP）以及测量其 β 值范围，下面介绍检测方法。

1）判断基极 b 和三极管的类型。把数字万用表转换到蜂鸣器挡即 PN 结测试挡（置于"⊣⊢"和"·)))"位置），如图 2-52 所示。

先假定三极管的任一电极为"基极"，将万用表的红表笔接到假定的基极上，再将黑表笔依次接到管子的其余两个电极上，若显示屏两次均能显示相近的数字或显示为"1"，则假定的基极可能是正确的。这时应将两个表笔调换过来再测一次，即把万用表的黑表笔接到假定的基极上，再将红表笔依次接到其余的两个电极上，若两次显示屏均显示"1"或显示相近的数字，则可以肯定所假定的基极是正确的。否则应假定另一电极为"基极"，重复上述的测试，直到找到符合上述要求的基极为止。如果无一电极符合上述要求，说明管子已损坏或被测器件不是三极管。

图 2-52　选择测量挡位

如果在上述测量中，红表笔接在基极上，黑表笔接在其他两个电极上，两次显示都是数字，则该三极管类型是 NPN 型，反之则是 PNP 型，如图 2-53 所示。

图 2-53　三极管集电极、发射极的判断

2）β 值的测量和集电极 c、发射极 e 的判别。当判别出了晶体三极管的 b 极和管子的类型后，用数字万用表 h_{FE} 挡位来测量 β 和判别集电极 c、发射极 e 也是十分容易的。只要将万用表的挡位开关置于 h_{FE} 处，再按三极管的类型选定好测量 β 的插座，将三极管的基极对准插座的 b 插孔，另外两极按三极管的引脚排列顺序对准 c 插孔或者 e 插孔插入插座中，这时可以得到一组读数。将三极管拔出，基极仍然对准 b 插孔，并将原对准的 c 插孔和 e 插孔的两个引脚电极对调插孔后再插入插座内，这时可以得到另一组读数。比较前后两组读数，读数较大的那次测量，三极管引脚与测量插座上所标极性相符合，万用表显示屏显示的数值就是该三极管的 β 值。

简单地讲，使用数字万用表测量三极管的直流放大系数，是将数字万用表的功能选择开关置于 h_{FE} 处，然后把三极管的三个极正确地插入万用表面板上的 e、b、c 的小孔内，这时在万用表显示屏上的读数就是所测三极管的直流放大系数。

（3）在路电压判断法检测小功率三极管。常用小功率三极管的外形及管脚如前述中图 2-48 所示。常见的有金属外壳封装和塑料封装两类。在实际应用中，中、小功率的三极管如图 2-54 和图 2-55 所示。在进行电子设备维护检修时，它们大多数情况下是直接焊接在印制电路板上的，由于电路板上元件安装密度往往较大，拆卸比较麻烦，所以在维修检测时通常用万用表直流电压挡，根据该管子工作状态，带电去测量被测三极管各引脚的电压值，依此来推断其工作是否正常，进而判断其好坏。

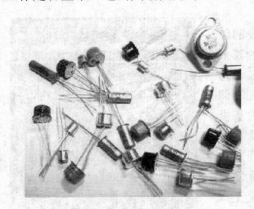

图 2-54　金属外壳中小功率三极管

图 2-55　塑料封装中小功率三极管

用在路电压判断法检测小功率三极管，实际上是三极管工作条件的具体体现，对于硅 NPN 型管，则 $U_{be}=0.7V$ 左右，若工作在放大状态下，则还应满足 $U_C>U_B>U_E$ 的条件。对于硅 PNP 型管，则 $U_{eb}=0.7V$ 左右，同时应满足 $U_E>U_B>U_C$ 的条件。对于锗材料的管子，所不同的就是 $U_{be}=0.2V$ 左右（NPN 型）和 $U_{eb}=0.2V$ 左右（PNP 型），如图 2-56 所示。

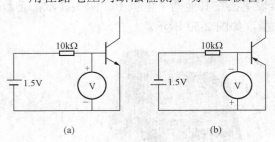

图 2-56　三极管极性的在路电压测量法
（a）NPN 型；（b）PNP 型

（4）大功率三极管的检测。常用大功率三极管的外形及引脚如图 2-57 所示。利用万用表检测中、小功率各种方法，对检测大功率三极管来说基本上适用。但是，由于大功率三极管的工作电流比较大，因而其 PN 结的面积也比较大，其反向饱和电流也必然增大。如果用测量中、小功率三极管极间电阻值的方法，使用万用表的 R×1kΩ 挡测量，必然测得电阻值很小，好像极间短路一样，所以通常使用 R×10Ω 挡或 R×1Ω 挡，来检测大功率三极管。

（a）　　　　　　　　（b）　　　　　　　　（c）

图 2-57　常用大功率三极管外形
（a）金属外壳大功率管；（b）塑料封装大功率管；（c）贴片封装大功率管

6. 三极管的选用与代换

（1）三极管的选用。

1）根据不同的用途选用不同参数三极管，考虑的主要参数有：特征频率 f_T、电流放大系数 β、集电极耗散功率 P_{cM}、最大反向击穿电压 BV_{cbe}、BV_{ceo} 等。

2）根据电路的需要，选用三极管时，应使管子的特征频率高于电路的实际工作频率的 $3\sim10$ 倍，但也不能太高，否则将引起高频振荡，影响电路的稳定性。

3）对于三极管的电流放大系数的选择应适中，一般选在 $40\sim100$ 即可。β 值太低，将使电路的增益不够。如果 β 值太高，将造成电路的稳定性变差，噪声增大。

4）反向击穿电压 BV_{ceo} 应大于电源电压。

5）在常温下，集电极耗散功率应根据不同电路进行选择，如选小了，会因过热而烧毁三极管，选大了会造成浪费。

（2）三极管的代换原则。

1）在换用三极管时，新换三极管的极限参数应等于或大于原管子的极限参数，如特征频率、集电极耗散功率、最大反向击穿电压等。

2）性能好的三极管可代替性能差的三极管。如穿透电流小的可代替穿透电流大的，电流放大系数较高的可代替电流放大系数较低的。

3）在集电极耗散功率和最大集电极电流允许的情况下，高频管可代替低频管。如 3DG 型可代替 3DX 型。

4）用开关三极管代替普通三极管。在业余条件下，为了提高管子的利用率，将两只低 β 值管子适当地连接起来构成复合管，代替一只高 β 值的管子。

7. 三极管使用注意事项

（1）三极管在接入电路前，首先应弄清管型、极性，不能管脚接错，否则将损坏管子。

（2）在焊接三极管时，为防止过多的热量传递给三极管的管芯，焊接时要用镊子夹住管子的引线，以帮助散热，电烙铁选用 35W 以下的为好。

（3）在电路通电时，不能用万用表的欧姆挡测量三极管的极间电阻。因为万用表的欧姆挡的表笔间有电压存在，将改变电路的工作状态而使三极管损坏。再者，电路的电压也可能将万用表烧坏。

（4）在检修电子、电器设备更换三极管时，必须首先断开电路的电源，才能进行拆、装、焊接等操作，不然的话就可能使三极管及其他元件被意外损坏，造成不应有的损失。

（5）使用大功率三极管时要安装合适的散热片，否则因管芯温度太高将损坏三极管。

2.4.5　场效应晶体管

场效应晶体管也是由半导体材料制成的一种三极管，简称场效应管。它只有一种载流子参与导电，所以又称单极型三极管。场效应管具有输入阻抗大、噪声低、热稳定性好、抗辐射能力强、便于集成等优点，在集成电路中也得到广泛应用。

1. 场效应管的结构、特点与类型

场效应管的外形与双极型三极管基本一样，但它的工作原理却与普通三极管不同。普通半导体三极管是电流控制型器件，就是说，通过改变三极管基极电流达到控制集电极电流的目的。而场效应晶体管是电压控制型器件，它的输出电流 I_D 取决于输入信号电压 U_{GS} 的大小。因而它的输入阻抗可达 $10^9\sim10^{14}\Omega$。

场效应管可分为结型场效应管和绝缘栅型（MOS 型）场效应管。

结型场效应管可分为 N 沟道型和 P 沟道型两种。

绝缘栅型场效应管分为增强型和耗尽型两类。每类又有 N 沟道型和 P 沟道型之分。

2．场效应管使用注意事项

（1）由于 MOS 型场效应管的输入阻抗非常高，容易造成感应电压过高而击穿。在焊接时，不论是将管子焊到电路上，还是从电路上取下来，应先将各极短路，先焊漏、源极，后焊栅极。还应注意电烙铁应可靠接地，或者断开烙铁电源，再进行焊接。

（2）要慎重使用万用表测 MOS 管的各极。MOS 场效应晶体管在保管储存时应将三个电极短路。

（3）结型场效应管，因为不是利用电荷感应的原理工作，所以不至于形成感应击穿的情况，但应注意栅、源之间的电压极性不能接反，否则容易烧坏管子。

（4）由于结型场效应管的源极、漏极是对称的，互换使用不影响效果，因此除栅极以外的两极中，任何一极都可为源极或漏极。

3．场效应晶体管的简易测试

场效应晶体管分为结型场效应管（JFET）和绝缘栅型场效应管（IGFET）或称为 MOS 型场效应管两大类。

（1）结型场效应管的简易测试。结型场效应管的三个电极分别是栅极 G、源极 S、漏极 D，如图 2-58 所示。由图可以看出，在 G-S、G-D 之间各有一个 PN 结，根据这个特点，很容易识别栅极，并可以大致判断管子的好坏。

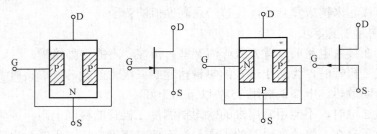

图 2-58　结型场效应管的结构与符号

1）判别电极。判别栅极的方法与判别三极管的方法相同，即通过测 PN 结正反向电阻的方法判别。用万用表的黑表笔接管子的一个电极，用红表笔依次碰触另外两个极。若两次测得的电阻均小，为 PN 结的正向电阻，则被测管为 N 沟道管，黑表笔接的是栅极。

对结型场效应管，由于在源极 S、漏极 D 上结构对称，一般可以对换使用。用万用表测漏、源极间电阻时，其阻值均为几千欧姆，交换表笔不影响电阻读数。

2）简易判别质量好坏。检查两个 PN 结单向导电特性，若 PN 结正常，则管子是好的。测漏极——源极之间电阻 R_{DS}，一般为几千欧姆，若 $R_{DS} \to 0$ 或 $R_{DS} \to \infty$，则管子已损坏。在测 R_{DS} 时，用手靠近栅极 G，表针应有明显摆动，摆动幅度越大，管子性能越好。

（2）绝缘栅型场效应管的测试。结型场效应管与绝缘栅型场效应管均可以用晶体管特性图示仪测量其主要参数。如果测试绝缘栅型（MOS 型），必须严格检查仪器的接地装置。首先仪器电源插头一定要采用有直接接地的三针插头，在测量管子前，用万用表或检测仪表检测时，要查看接地线是否良好、接地线与机壳是否接通；如果插头无接地或接地不良，则均不能检测 MOS 型管子。

2.4.6　光电三极管

光电三极管的工作原理与光电二极管基本相同，它与光电二极管的不同之处是将光照后产生的电信号又进行了放大，因而灵敏度比光电二极管高。光电三极管的管脚引线有三个的，也有两个的。在两引线的管子中，光窗口即为基极。光电三极管也有锗管和硅管之分，而且锗管的灵敏度比硅管高，但锗管的暗电流较大。

常用的国产光电三极管有 3DU 等系列，外形如图 2-59 所示。

光电三极管使用注意事项如下。

（1）使用时，流过光电三极管的电流、偏置电压、耗散功率都不能超过允许值，否则易损坏管子或降低使用寿命。

（2）安装时尽量使管子的受光面垂直于入射光路，以提高光电转换灵敏度，同时要避免管子受外界杂散光的干扰。

（3）入射光的光谱特性必须和所选管子光谱响应范围（波长范围）相匹配。如硅光电三极管波长范围为 $0.8 \sim 1.1 \mu m$，要求入射光波长也必须在这一范围内。

图 2-59　各类光电三极管

（4）要正确地选择管型。如果要求灵敏度高，就选用光电三极管或达林顿管（复合管）。

（5）入射光强度必须适当。入射光太弱易被噪声淹没，过强会使管芯的温度上升，影响设备的工作稳定性。

任务 2.5　表面组装元器件的认知

 【任务目标】

- 了解表面组装元器件的特性
- 掌握表面组装元器件基本类型、外形特征及应用
- 掌握表面组装元器件的选择与使用

2.5.1　表面组装元器件的特性

表面组装元器件俗称无引脚元器件，其问世于 20 世纪 60 年代，通常人们把表面组装无源器件（如片式电阻、电容、电感）称为 MSC，而将有源器件（如小型晶体管、集成电路）称为 MSD。

无论是 MSC 还是 MSD，在功能上与通孔安装的元器件相同，但在结构和电气性能上有其自己独有的特点。

（1）尺寸小，重量轻，无引线或引线很短，可节省引线所占的安装空间，组装时还可双面贴装。这样可以大大提高安装密度，达到了电子产品的小型化、薄型化和轻量化。

（2）高频特性好。由于没有引线或引线很短所以寄生电感和分布电容很小，增强了其抗电磁干扰和射频干扰的能力。

（3）可靠性高、抗震性好。因引线短，形状简单，贴焊牢固，不需通孔安装，所以避免了因引脚弯曲成型而造成的损伤和损坏。并由此具有很强的结实度、耐震、耐冲击能力，这

些都使产品的可靠性大大提高。

（4）SMC/SMD 易于实现自动化组装。其组装时无需在印制板上进行钻孔、剪线、打弯等工序，从而降低生产成本，适应大规模生产。

（5）目前由于 SMC/SMD 的自动化表面组装设备已非常成熟，使用广泛，从而大大缩短了装配时间，并且装配精确，产品合格率高，同时节省了劳动成本。另外 SMC 无引线、体积小，不仅省铜材，基板面积也大大缩小，从而大大提高了经济效益。

2.5.2　表面组装元器件的基本类型

1．表面组装元器件的分类

（1）按元件的功能进行分类。

1）片式无源器件。片式无源器件包括电阻器类、电容器类、电感器类和复合元件（如电阻网络、滤波器等）。

2）片式有源器件。片式有源器件包括二极管、三极管、集成电路等。

3）片式机电元件。片式机电元件包括开关、继电器、微电机等。

（2）按元件结构形式进行分类。

1）矩形类。矩形片式元件包括薄片矩形元件和扁平封装元件。

2）圆柱形类。圆柱形片式元件又称为金属电极面结合型元件，简称 MELF 型元件。

3）异形类。异形片式元件是指形状不规则的各种片式元件。

（3）按元件的引线形式进行分类，可分为无引线和短引线两类。

2．常见的表面组装元器件

（1）表面组装电阻。表面组装电阻器按封装外形可分为片状和圆柱状两类；按制造工艺可分为厚膜型和薄膜型两大类。

1）矩形片式电阻。其外形为扁平状，结构如图 2-60 所示，其基片大多采用 Al_2O_3 陶瓷制成，具有较好的机械强度和绝缘性。它的电阻膜采用电阻浆料（R_UO_2）印制在基片上，经烧结制成。保护层采用玻璃浆料印制在电阻膜上，经烧结成釉。电极由三层材料构成：内层合金与电阻膜接触良好，电阻小，附着力强；中层主要作用是防止端头电极脱落；外层为可焊层锡或铅锡合金。

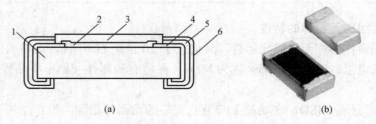

图 2-60　矩形片式电阻结构和实物

（a）结构；（b）实物

1—陶瓷基片；2—电阻膜；3—玻璃釉层；4—Ag-Pb 电极；5—镀 Ni 层；6—镀 Sn 或 Sn-Pb 层

2）圆柱形片式电阻。外形为一圆柱体，如图 2-61 所示。这种结构与原来传统的普通圆柱形长引线电阻器基本上是一致的，只不过把引线去掉，两端改为电极而已，其材料及制造工艺、标记都基本相同，但外形尺寸小了很多，圆柱形元件目前使用越来越少。

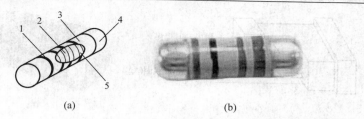

图 2-61　圆柱形片式电阻结构和实物

（a）结构；（b）实物

1—标志色环；2—电阻膜；3—耐热漆；4—端电极；5—螺纹槽

（2）表面组装电容。表面组装电容器目前使用较多的主要是陶瓷系列电容器和电解电容器两种，有机薄膜和云母电容器使用较少。

1）SMC 多层陶瓷电容器。多层陶瓷电容器是在单层盘状电容器的基础上构成的，电极深入电容器内部，并于陶瓷介质相互交错。多层陶瓷电容器又简称 MLC。MLC 通常是无引脚矩形结构，外层电极与片式电阻相同，都是三层结构，MLC 外形和结构如图 2-62 所示。

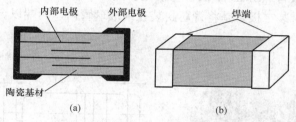

图 2-62　多层陶瓷电容器结构

（a）结构；（b）外形

2）片式电解电容器。其主要包括片式钽电解电容器和片式铝电解电容器。片式钽电解电容器质优价高，所以应用受到一定限制。片式铝电解电容器，其需要具有可靠的密封结构，以防止在焊接过程中因受热而导致电解液泄漏，同时还需采用耐电解液腐蚀的材料。

铝电解电容器的结构如图 2-63 所示。

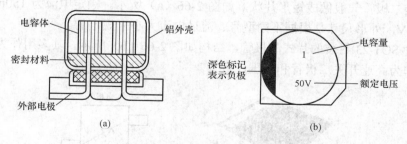

图 2-63　铝电解电容器结构图

（a）内部结构图；（b）顶部极性、容量、耐压标志图

（3）表面组装电感。

1）叠层型片状电感器。它由铁氧体浆料和导电浆料相间形成多层的叠层结构，然后经烧制而成，其特点是具有闭路磁路结构，没有漏磁，耐热性好，可靠性高。其外形及结构如图 2-64 所示。

图 2-64　叠层形片状电感器外形及结构

（a）结构；（b）外形

2）薄膜型片状电感器。它是利用薄膜技术在玻璃基片上依次沉积 MO-Ni-Fe 磁性膜、SiO_2 膜和 Cu 膜，然后光刻形成绕组，再依次沉积 SiO_2 膜和 MO-Ni-Fe 磁性膜而成，其绕组形式有框型、螺旋型和叉指型。

3）编织型片状电感器。它是利用纺织技术，以 $\phi80\mu m$ 非晶磁性纤维为经线、$\phi70\mu m$ 铜线为纬线，"织"出的一种新型电感器。其特点是电感量较高，Q 值偏低。

（4）表面组装二极管。SMD 二极管包括无引线柱形玻璃封装和片状塑料封装二极管两种。无引线柱性玻璃封装二极管是将管芯封装在细玻璃管内，两端以金属帽为电极。其结构如图 2-65 所示。

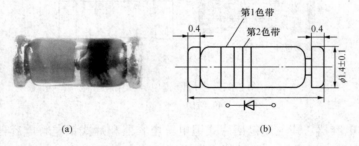

图 2-65　无引线管状二极管外形及尺寸

（a）外形；（b）尺寸

塑料封装二极管一般做成矩形片状，如图 2-66（a）所示。额定电流为 150mA～1A，耐压为 50～400V，外形尺寸是根据不同型号、流过电流大小来规定的。

还有一种 SOT-23 封装的片式二极管，结构如图 2-66（b）所示。其多用作为封装复合二极管，也可作为高速开关二极管和高压二极管。

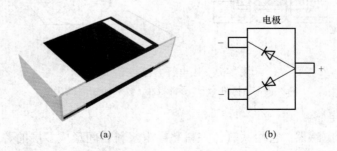

图 2-66　两引脚和三引脚贴片二极管

（a）两引脚；（b）三引脚

图 2-66（a）为两引脚小功率贴片二极管，图 2-66（b）为三引脚贴片二极管，它们的外形不同使用场合也有所不同。

（5）表面组装三极管。表面组装三极管一般采用带有翼形短引线的塑料封装，可分为 SOT-23、SOT-89、SOT-143、SOT-252 几种尺寸结构，产品也包括小功率管、大功率管、场效应管和高频管几个系列。

SOT-23 是通用的表面组装晶体管，它有 3 条翼形引脚，外形与内部结构如图 2-67 所示。

SOT-89 适用于较大功率场合，它的 e、b、c 三个电极，是从管子的同一测引出，管子底面的金属散热片与集电极相连，晶体管芯片黏结在较大的铜片上，有利于散热。

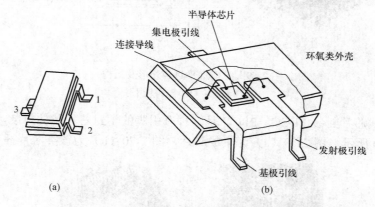

图 2-67　普通贴片式三极管外形及结构

（a）外形；（b）结构

SOT-143 有 4 条翼形短引线，对称分布在长边的两侧，引脚中宽度偏大一点的是集电极，这类封装常见双栅场效应管及高频晶体管。

（6）表面组装集成电路。表面组装集成电路包括各种数字集成电路和模拟集成电路，常见的封装包括如下几种类型。

1）小型封装 SO。引线比较少的小规模集成电路大多采用这种封装，如图 2-68 所示。

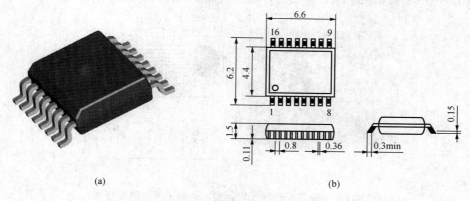

图 2-68　表面组装集成电路外形及结构

（a）外形；（b）结构尺寸

2）方形扁平封装 QFP。这种封装可以容纳更多的引线，引线间距有 1.27、1.016、0.8、

0.65、0.5、0.4、0.254mm 等，如图 2-69 所示。

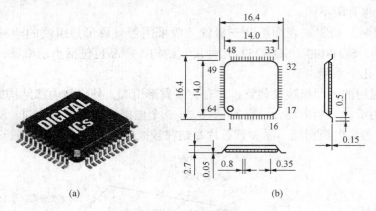

图 2-69　方形扁平封装外形及结构

（a）外形；（b）结构尺寸

3）塑料引线芯片封装 PLCC。PLCC 是一种有引脚的塑封芯片载体封装，它的引脚向内钩回，如图 2-70 所示。图 2-70（a）为集成芯片，图 2-70（b）为该类芯片插装。

图 2-70　PLCC 封装式集成芯片及插座

（a）集成芯片；（b）芯片插装

4）板载芯片封装 COB。这种封装即是通常所称的"软封装"。它是将 IC 芯片直接粘在 PCB 板上，将引线直接焊到 PCB 铜箔上，最后用黑塑胶密封，如图 2-71 所示。

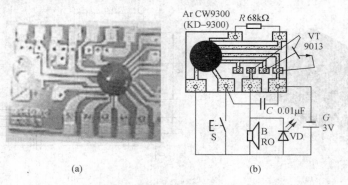

图 2-71　板载芯片封装（软封装）外形及外电路连接图

（a）外形；（b）外电路连接图

5）球栅阵列封装 BGA。BGA 的引脚成球形阵列，是直接贴装焊接到印制板上，如图 2-72 所示。

6）针栅阵列封装 PGA。PGA 的引脚成针形，这种封装也是把引线排成阵列形式并均匀分布在 IC 的底面，形成针栅阵列。因此其引线可增多，而引线间距不必很小。

PPGA 为塑料针栅阵列封装，CPGA 为陶瓷　图 2-72　球栅阵列封装芯片及结构示意图（BGA 封装）针栅阵列封装其节距为 2.54mm。而 FPGA 为窄节距 PGA，目前接脚节距为 0.80、0.65mm 的 FPGA 为主流。目前国内常用的 PGA 封装接脚数目从 100（10×10）到 441（21×21）或更多。

它是通过插座与印制板连接，已不属于贴片元件系列，如图 2-73 所示。

图 2-73　针栅阵列封装芯片（PGA 封装）

2.5.3　表面组装元器件的选择与使用

1．表面组装元器件的使用注意事项

（1）库存温度需低于 40℃。

（2）生产现场温度需低于 30℃。

（3）环境相对湿度需低于 60%。

（4）环境空气中不得有影响焊接性能的硫、氯、酸等有毒气体。

（5）保存和使用时均要满足防静电要求。

（6）存放时间一般不得超过一年。

2．表面组装元器件的选择

选择表面组装元器件时，应该根据电路的要求，综合考虑组装元器件的规格、性能和价格等因素。同时需注意以下两点。

（1）选择表面组装元器件要注意贴片设备的精度。

（2）表面组装元器件主要采用再流焊（回流焊），但翼形引脚可采用波峰焊或手工焊接；对经常拆换、易损坏的 PLCC 封装、PGA 封装可采用插座安装。

项目小结

本项目主要介绍了以下内容。

（1）电阻器的分类、特点、应用场合，固定电阻器、电位器型号命名方法。

（2）其他类特殊电阻的特点、结构外形和使用场合。

（3）电阻器的主要参数认知、色环电阻的识读技巧。

（4）电容器的分类、特点、使用场合，电容器型号命名方法。

（5）电容器的主要参数、常用电容器品种及电容器的检测方法与经验。

（6）电感器的分类与命名方法，常用电感线圈、变压器种类及使用。

（7）电感线圈和变压器的检测方法及检测经验。

（8）常用半导体分立元器件外形及封装形式、型号、命名方法及识别。

（9）半导体二极管、三极管、场效应管和光电三极管的特性、应用及检测。

（10）常用表面组装器件特性、基本类型。

（11）常用表面组装器件的选择与使用。

项 目 训 练

训练任务 2.1　电阻器与电位器的识读与检测

内容 1：识读电阻器。每组放置各类色环电阻器 20 只，由学生识读、标注各电阻器阻值；同时识别不同材料电阻器的外观特征。同学之间应相互检查，反复练习。

内容 2：用万用表测量电阻。选用无标注电阻若干，学习用万用表进行测量，要求测量速度快而且准确。

内容 3：用万用表测量电位器。包括测量两固定端之间的阻值；测量固定端与滑动片之间的阻值；转动电位器把柄，观察阻值变化情况。

将识读、测量结果填入表 2-41 中。

表 2-41　　　　　　　　　　　　**电阻器、电位器的识读与测量**

由色环写出具体阻值				由具体阻值写出色环			
色环	阻值	色环	阻值	阻值	色环	阻值	色环
棕黑黑金		棕黑黑红棕		0.5Ω		2.7 kΩ	
红黄黑金		绿棕黑棕棕		1Ω		3.3 kΩ	
橙橙黑金		棕黑黑绿棕		36Ω		5.6 kΩ	
黄紫橙金		蓝灰黑橙棕		220Ω		6.8 kΩ	
灰红红金		黄紫黑棕棕		470Ω		8.2 kΩ	
白棕黄金		红紫黑黄棕		750Ω		24 kΩ	
黄紫棕金		紫绿黑棕棕		1 kΩ		4 kΩ	
橙黑棕金		棕黑黑橙棕		1.2 kΩ		39 kΩ	
紫绿红金		橙橙黑棕棕		1.8 kΩ		100 kΩ	
白棕棕金		红红黑红棕		9.1 kΩ		5.1 MΩ	
1min 内读出色环电阻数（只）				评分法：20 只满分 100 分，错 1 只扣 5 分			
3min 内测量无标志电阻数（只）				评分法：20 只满分 100 分，错 1 只扣 5 分			

测量电位器	固定端之间阻值	固定端与中间滑动片变化情况		
		阻值平稳变动	阻值突变	指针跳动

识读、测量中出现的问题：	

训练任务 2.2　电容器的识读与检测

　　内容 1：电容器参数的识别。每组放置各类电容器若干只，识读电容器的容量；识读电容器的精度等级和耐压标识。由同学之间相互检查，反复练习。

　　内容 2：电容器种类的识别。选用有标志、不同种类的电容器若干，根据电容器的标志、外观、颜色、形状等特征来判别电容器的种类。

　　内容 3：用万用表测量电容器。包括测量电容器的漏电阻；测量电容器的大致电容量；判别电解电容器的极性；判别电容器的好坏。

　　将识读、测量结果填入表 2-42 中。

表 2-42　　　　　　　　　　　　　　　　　**电容器的识读与测量**

标志参数	容量全称	标志参数	容量全称	色环	容量
6.8		P33		黄紫橙	
27		3P3		红红棕	
100		1n		绿蓝黑	
3900		4n7		棕黑红	
0.022		100n		橙白黑	
0.47		101K		灰红红	
5m6		104J		紫绿金	
1min 内读出色标电容数（只）		1min 内读出 5 只为优秀；4 只为良好；3 只为及格		成绩	
2min 识别出用符号法表示的电容数（只）				成绩	
小容量测量（以 0.01～0.047μF 为例）	万用表挡位	充电指针偏转角度		实测漏电阻	
大容量测量（以 100～1000μF 为例）	万用表挡位	充电指针偏转角度		实测漏电阻	
识别、测量中出现的问题					

　　注　表格中列出的色标排列均没有精度等级位。

训练任务 2.3　电感变压器的识读与检测

　　内容 1：电感器参数的识别。每组放置各类电感器和变压器若干只，识读电感器的电感量；识读变压器的参数。由同学之间相互检查，反复练习。

　　内容 2：电感器、变压器种类的识别。选用有标志、不同种类的电感器、变压器若干，根据所给器件的标志、外观、颜色、形状等特征来判别电感器和变压器的种类。

　　内容 3：用万用表测量电感器和变压器。包括测量它们的好坏；测量判别变压器的绕组。

　　将识读、测量结果填入表 2-43 中。

表 2-43　　　　　　　　　　　　　　　电感、变压器的识读与测量

电感线圈识别与检测

序号	电感器类型	直流电阻值	质量判断
1			
2			
3			
4			
5			

变压器的识别与检测

序号	一次侧直流电阻	二次侧直流电阻	绝缘电阻（用万用表或摇表测量）			结　论
			一、二次侧间	一次侧、铁心间	二次侧、铁心间	
1						
2						
3						
4						
5						

训练任务 2.4　二极管、三极管的识读与检测

内容 1：用万用表测量二极管。用万用表判断二极管的极性；用万用表的不同电阻挡，测量不同型号的二极管正反向电阻值变化情况。

内容 2：用万用表测量三极管。选不同极性三极管 8 只，用万用表的测量它们的管型及 e、b、c 管脚。要求准确测试和快速测量。

内容 3：用万用表测量三极管的 β 值。任选极性和功率大小不同的管子 10 只（可事先编号）用万用表的 h_{FE} 挡位测量各管的 β 值，并编号做好记录。

将上述判别、测量结果填入表 2-44、表 2-45 中。

表 2-44　　　　　　　　　　　　　　　二极管的判别与测量

型号　　阻值		$R\times1k$		$R\times100$		$R\times10$		质量判别	
		正向	反向	正向	反向	正向	反向	好	坏
二极管测量	2AP9								
	2CZ53								
	1N4007								

表 2-45 　　　　　　　　　　　　　**三极管的判别与测量**

三极管极性的判别	三极管编号	1	2	3	4	5	6	7	8
	外形及各管脚极性（画出简图）								
三极管 β 值的测量	被测管编号	1	2	3	4	5	6	7	8
	β 值								
判别、测量过程中出现的问题									

🎖 项 目 考 核

项目考核表见表 2-46～表 2-49。

表 2-46 　　　　　　　　　　**电阻器和电位器的识读和测试考核表**

姓名		学号		指导老师			得分	
额定工时		起止时间	时　分至　时　分				实用时间	

序号	考核内容	考核要求	配分	评分标准	扣分	得分
1	识别 10 只不同的电阻	1. 能识别电阻的标称阻值； 2. 由标称阻值写出色环； 3. 能识别电阻的类型与功率	30	1. 不认识电阻，扣 10 分； 2. 不能判别颜色及其代表的意义，扣 20 分； 3. 不能识别类型，扣 10 分； 4. 不能识别功率，扣 5 分； 5. 错 1 只扣 5 分		
2	用万用表检测 10 只无标志电阻	1. 能正确选择量程； 2. 能准确读出测量阻值； 3. 测量方法正确	20	1. 量程选择错误，扣 10 分； 2. 不能读出值，扣 10 分； 3. 测量方法错误，扣 10 分； 4. 错 1 只扣 3 分		
3	识别 5 只不同类型的电位器	1. 能正确识别电位器的标称阻值； 2. 能识别电位器的类型	20	1. 不认识电位器，扣 10 分； 2. 不能识别电位器的标称阻值，扣 10 分； 3. 不能识别电位器类型，扣 10 分； 4. 错 1 只扣 3 分		
4	用万用表检测 5 只无标志电位器	1. 能正确选择量程； 2. 能准确读出测量阻值； 3. 能区分引脚； 4. 能区分电位器的好坏； 5. 测量方法正确	20	1. 量程选择错误，扣 5 分； 2. 不能读出测量阻值，扣 10 分； 3. 不能区分引脚，扣 10 分； 4. 不能区分电位器的好坏，扣 10 分； 5. 测量方法错误扣 5 分； 6. 错 1 只扣 5 分		
5	安全文明	符合有关规定	10	1. 无故损坏元件扣 10 分； 2. 丢失元件，扣 10 分； 3. 物品随意丢放，扣 5 分； 4. 仪表使用不当损坏，扣 10 分		

表 2-47　　　　　　　　　　　　　**电容器的识别和测试考核表**

姓名		学号		指导老师	'	得分	
额定工时		起止时间		时　分至　时　分		实用时间	

序号	考核内容	考核要求	配分	评分标准	扣分	得分
1	识别 5 只不同的电容器	1. 能识别电容器的类型； 2. 能识别电容器的容量； 3. 能识别电容器的极性； 4. 能识别电容器的误差； 5. 能识别电容器的耐压	60	1. 不认识电容，扣 20 分； 2. 不能识别电容器类型，扣 10 分； 3. 不能识别电容器的容量，扣 10 分； 4. 不能识别电容器的极性扣 10 分； 5. 不能识别电容器误差等级扣 10 分； 6. 不能识别电容器耐压的扣 10 分； 7. 错 1 只扣 5 分		
2	用万用表检测 5 只电容器	1. 能正确选择万用表的量程； 2. 能检测出电容器的好坏； 3. 能判别电容器的极性； 4. 测量方法正确	30	1. 量程选择错误，扣 10 分； 2. 不能检查出电容器的好坏，扣 15 分； 3. 不能判别电容器的极性扣 1 分； 4. 测量方法错误，扣 10 分； 5. 错 1 只扣 5 分		
3	安全文明	符合有关规定	10	1. 无故损坏元件扣 10 分； 2. 丢失元件，扣 10 分； 3. 物品随意丢放，扣 5～10 分； 4. 仪表使用不当损坏，扣 10 分		

表 2-48　　　　　　　　　　　　　**电感器的识别和测试考核表**

姓名		学号		指导老师		得分	
额定工时		起止时间		时　分至　时　分		实用时间	

序号	考核内容	考核要求	配分	评分标准	扣分	得分
1	识别 5 只不同的电感器	1. 能识别电感器的类型； 2. 能识别电感器的电感量	30	1. 不认识电感器，扣 10 分； 2. 不能识别电感器的类型，扣 10 分； 3. 不能识别电感的电感量，扣 10 分； 4. 错 1 只扣 5 分		
2	用万用表检测 5 只电感器，其中 2 只是坏的	1. 能正确选择万用表的量程； 2. 能判断出电感器的好坏； 3. 测量方法正确	50	1. 量程选择错误，扣 10 分； 2. 不能检查出电感器好坏，扣 20 分； 3. 测量方法错误，扣 10 分； 4. 错 1 只扣 5 分		
3	操作时间	在规定时间内完成	10	每超 2 分钟扣 10 分		
4	安全文明	符合有关规定	10	1. 无故损坏元件扣 10 分； 2. 丢失元件，扣 10 分； 3. 物品随意丢放，扣 5～10 分； 4. 仪表使用不当损坏，扣 10 分		

表 2-49　　　　　　　　　　　　　　　**二极管、三极管的测试**

姓名		学号		指导老师		得分	
额定工时		起止时间		时　分至　时　分		实用时间	

序号	考核内容	考核要求	配分	评分标准	扣分	得分
1	识别 5 只二极管	1. 能识别二极管的型号 2. 能识别二极管的极性	20	1. 不认识二极管，扣 10 分； 2. 不能识别二极管的型号，扣 10 分； 3. 不能判别二极管的极性，扣 10 分； 4. 错 1 只扣 5 分		
2	用万用表检测 5 只二极管，其中 2 只是坏的	1. 能正确选择万用表的量程； 2. 能检测出二极管的好坏； 3. 测量方法正确	20	1. 挡位及量程选择错误，扣 5 分； 2. 不能测出二极管的极性，扣 10 分； 3. 不能测出二极管的好坏，扣 10 分； 4. 测量方法错误，扣 5 分； 5. 错 1 只扣 5 分		
3	识别 5 只三极管	1. 能识别三极管的型号； 2. 能识别三极管的引脚； 3. 能识别三极管的电流放大系数	30	1. 不认识三极管扣 10 分； 2. 不能识别三极管的型号扣 10 分； 3. 不能识别三极管的引脚扣 10 分； 4. 不能识别三极管的电流放大系数扣 10 分； 5. 错 1 只扣 5 分		
4	用万用表检测 5 只三极管，其中有两只坏的	1. 能正确选择万用表的量程； 2. 能检测出三极管的引脚及好坏； 3. 测量方法正确	30	1. 挡位及量程选择错误，扣 10 分； 2. 不能测出三极管的引脚，扣 10 分； 3. 不能测出三极管的好坏，扣 10 分； 4. 测量方法错误，扣 10 分； 5. 错 1 只扣 5 分		

训练项目 3 常用仪器仪表使用

任务 3.1 万用表的使用

万用表是从事电工电子仪表行业中，在安装、维修电气设备时用得最多的携带式仪表。它的特点是量程多、用途广、便于携带。一般可测量直流电阻、交直流电流、交直流电压等，有的型号还可测量音频电平、电感、电容和三极管的电流放大系数 $\beta(h_{fe})$ 值。

【任务目标】

- 了解机械式万用表的结构、测量原理
- 掌握指针式万用表的功能、使用方法和使用注意事项
- 了解数字万用表的基本结构、测量原理
- 掌握数字万用表的功能、使用方法

3.1.1 指针式万用表

现在以最常使用的 MF500 型指针式万用表为例，如图 3-1 所示。介绍其结构、面板符号及数字的识别、基本使用方法及使用注意事项等。

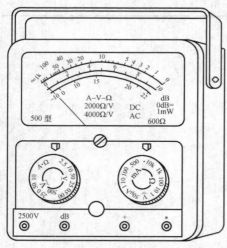

图 3-1 MF500 型指针式万用表

1. 结构

（1）表头。表头是高灵敏度的磁电式直流电流表，上半部分的刻度盘是万用表进行各种测量的指示部分，如图 3-2 所示。

例如：MF500 型万用表指针表头的指示值，面板上最上一条弧形线，右侧标有 Ω，此弧形线指示的是电阻值。第二条弧形线右侧标有⌒，此弧形线指示的是交、直流电压，直流电流单位为 mA 或 μA。第三条弧形线，右侧标有 10V～，是专供交流 10V～挡用。最下层弧形线右侧标有 dB，是供测音频电平值用的。

（2）测量线路。由测量各种电量和不同量程的线路构成，如测量电压的分压线路，测量电流的分流线路等。测量电阻的线路有内接电池，即 $R\times1$、$R\times10$、$R\times100$、$R\times1k$、$R\times10k$，其中除 $R\times10k$ 挡用 9V 叠层电池外，其余各挡位用 1.5V 二号电池。与电池串联的内电阻称为中心电阻。

（3）转换开关。转换开关是用来切换测量线路，以便与表头配合以实现其多电量、多量程的测量。例如 MF500 型万用表，有两个转换开关，这两个转换开关相互配合使用，可以测量电阻、电压和电流。左侧转换开关标有：

A——测直流电流挡位；

•——空挡位；

Ω——测电阻挡位；

V——测直流电压挡量程（2.5～500V）；

～V——测交流电压挡量程（10～500V）。

右侧转换开关标有：

≌V——测交、直流电压挡位；

•——空挡位；

50μA——测直流电流 50μA 量程挡；

R×（1～10k）——测电阻倍率挡；

mA——测直流 mA 量程挡（1～500mA）。

例如：测量电阻时，左侧转换开关旋到"Ω"位置，右侧转换开关旋到相应倍率挡，假如倍率挡选用 10，若测量指示为 10，那该电阻为 10Ω×10=100Ω；若倍率挡选用 100，测量指示为 10，则该电阻为 100Ω×10=1000Ω=1kΩ。

若测交流电压～380V 时，右侧转换开关转到≌V，左侧转换开关量程应选用交流电压 500V 挡。

若测交流电压～220V 时，量程选用 250V 挡。

若测量直流电流 25mA，应将左侧转换开关旋到 A 功能挡位，右侧转换开关旋到量程挡选用 100mA。依次类推。

测量电流、电压时：实际值=指针读数×量程/满偏刻度。

测量电阻时：实际值=指针读数×所选倍率。

2. 面板符号及数字的识别（以 MF500 型为例）

面板符号和数字是仪表性能和使用简要说明书，应予充分了解。

（1）面板符号。

1）工作原理符号 表示磁电系整流仪表。

2）工作位置号 表示水平放置。

3）绝缘强度☆内数字为 6 时（图 3-2 所示表盘☆内数字为 6），内绝缘强度试验电压为 6000V；☆内无数字时，绝缘耐压试验为 500V；☆内数字为 0 时，不进行绝缘试验。

4）防外磁电场级别符号 表示三级防外磁场。

5）电流种类符号 ⌒ 表示交直流；⋯ 表示直流或脉动直流。

6）A—V—Ω 表示可测电流、电压和电阻。

（2）面板数字。

1）表示准确度等级的数字。～5.0 表示交流 5.0 级；⋯ 2.5 表示直流或脉动直流 2.5 级；Ω2.5 表示电阻挡为 2.5 级准确度。

2）表示电压灵敏度的数字。V—2.5kV 4000Ω/V 表示测交流电压和 2.5kV 交直流电压时，电压灵敏度为每伏 4000Ω；20 000Ω/V·DC 表示测直流电压时电压灵敏度为每伏 20 000Ω。电压灵敏度越高，说明测量时对原电路影响越小。不同的表示方法略有不同，如 4000Ω/V，20 000Ω/V 等。每伏的电阻数值越大，则灵敏度越高。

3）表示使用频率范围的数字。45—65—1000Hz 表示频率在 45～65Hz 范围内，能保证测量的准确度，最高使用频率为 1000Hz。

4）dB=1mW600Ω。表示测音频电压时，dB 的标准为在 600Ω 电阻上功率为 1mW。

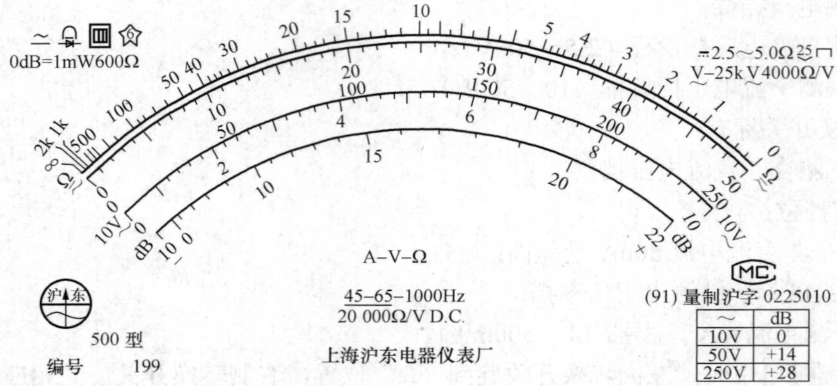

图 3-2　（MF500）型指针式万用表表盘

3．基本使用方法

（1）机械调零。在表盘下有一个"一"字型塑料螺钉，用"一"字螺丝刀调整仪表指针到左侧 0 位。

（2）插孔选择要正确。测电流、电压、电阻时，红表笔插"+"孔，黑表笔插"*"孔。

（3）转换开关要选择正确（包括种类、量程或倍率）。转换开关功能及量程选择可参考前述 1．结构中的"转换开关"所述内容。

（4）测量电流。万用表要串联于被测电路中，并注意测直流电流时，高电位（电流流入端）接"+"红表笔，低电位（电流流出端）接"*"黑表笔。否则表针反向偏转。

（5）测量电压。万用表与被测电路并联，测直流电压时，高电位接红表笔，低电位接黑表笔。否则表针反向偏转。

（6）测量电阻。万用表与被测电路并联，每次换量程都要先进行欧姆调零，也称电气调零，欧姆调零旋钮在四个表笔插孔中间位置，标有"Ω"符号的塑料大旋钮，欧姆调零时，应将两表笔短接，调节欧姆调零旋钮，使指针指在右边欧姆挡的零位上，而且每换一次欧姆挡位均应调零。

4．注意事项

（1）测量电压或电流时，不能带电转动转换开关，否则有可能将转换开关触点烧坏。

（2）测量电压、电流时，种类（指电压还是电流）、量程（指测量范围及挡位）要选择正确，否则有烧坏表头的可能。

（3）测量电阻时，被测元件或电路不能带电。断电后的被测电路如有大容量的电解电容，应将其放电后才能对电路进行测量，否则电容器上残留电压极易烧坏表内元件，而且所测出电阻值也不准确。另外测量时两手不能触及表笔金属部分。指针显示应在表盘距欧姆挡零位的 1/3～2/3 处，此时读数准确率高。

（4）万用表用毕后，应将转换开关转到空挡"·"或"～500"位置。

3.1.2　数字万用表

数字万用表具有测量精度高、性能稳定、可靠性高、功能齐全、重量轻以及便于携带等特点，目前已被广泛使用。

1. 面板结构

大多数万用表面板结构大同小异，基本结构如图 3-3 所示。

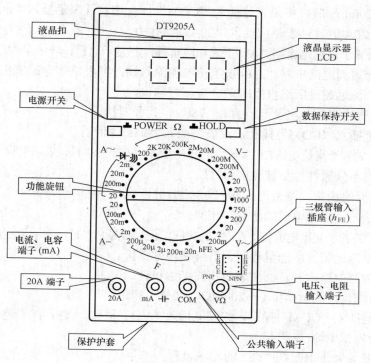

图 3-3 数字万用表结构

2. 基本使用方法

（1）检验好坏。首先应先检查数字万用表外壳及表笔有无损伤，然后再作如下检查。

1）将电源开关打开，液晶显示器应有数字显示。若液晶显示器出现低压符号应及时更换电池。

2）表笔插孔旁标有"MAX"符号，表示测量时被测电路的电流、电压不得超过所标量程规定值，否则极易损坏内部测量电路。

3）测量时，应选择合适量程，若不知被测值大小，可将转换开关置于最大量程挡，在测量中按需要逐步下降。

4）如果液晶显示器显示"1"，一种表示量程偏小，称为"溢出"，需选择较大量程；另一种表示无穷大。

5）当转换开关置于"Ω"、" ⊣⊢ "挡时，不得引入电压。

（2）直流电压的测量。直流电压的测量范围为 V— 0～1000V，共分五挡，被测量值不得高于 1000V 的直流电压。

1）将黑表笔插入"COM"插孔，红表笔插入"VΩ"插孔。

2）将转换开关置于直流电压挡"V—"的相应量程。若显示"1"，表示量程选择偏小而溢出。

3）将表笔并联在被测电路两端，红表笔接高点位端，黑表笔接低点位端。若万一高低电位接反，不影响测量数值但在数字前面将显示"—"号。

（3）直流电流的测量。直流电流的测量范围为 0～20A，共分四挡。

范围在 0～200mA 时，将黑表笔插入"COM"插孔中，红表笔插入"mA"插孔；测量范围在 200mA～20A 时，红表笔应插入"20A"插孔中。

1）转换开关置于直流电流挡"A—"的相应量程。若显示"1"，表示量程选择偏小而溢出。

2）两表笔与被测电路串联，且红表笔接电流流入端，黑表笔接电流流出端。

3）若被测电流远超过所选量程时，会烧坏内部保险。

（4）交流电压的测量。测量范围为 0～750V，共分四挡。

1）将黑表笔插入"COM"插孔，红表笔插入"VΩ"插孔。

2）将转换开关置于交流电压挡"V～"的相应量程。若显示"1"，表示量程选择偏小而溢出。

3）红黑表笔不分极性且与被测电路并联。

（5）交流电流的测量。测量范围 0～20A，共分四挡。

1）表笔插法与"直流电流的测量"相同。

2）将转换开关置于交流电流挡"A～"的相应量程。若显示"1"，表示量程选择偏小而溢出。

3）若被测电流远超过所选量程时，会烧坏内部保险。

4）表笔与被测电路串联，红黑表笔不需考虑极性。

（6）电阻的测量。测量范围 0～200MΩ，共分七挡。

1）将黑表笔插入"COM"插孔，红表笔插入"VΩ"插孔。（注：红表笔为内部电池"+"极性，黑表笔为内部电池"−"极）

2）将转换开关置于电阻挡"Ω"的相应量程。

3）表笔开路或被测电阻大于量程时，显示为"1"。

4）万用表应与被测电路或元件并联。

5）所得阻值直接读数无需乘以倍率。

6）测量大于 1MΩ 电阻时，几秒钟后读数才能稳定，这属于正常现象。

7）被测电路严禁带电测量电阻（断电后大容量电容器需放电后才能测量被测电路）。

（7）电容的测量。测量范围为 0～200μF，共分五挡。

1）将转换开关置于电容挡"F"相应量程位置。

2）将黑表笔插入"COM"插孔，红表笔插入"mA"插孔（所标 CX 或 CAP 一对插孔）。

3）将红、黑表笔接被测电容器，其读数即为电容测量值。

4）所有电容必须在确认没有带电的情况下才能进行测量。

（8）二极管测试和电路通断检查。

1）将黑表笔插入"COM"插孔，红表笔插入"VΩ"插孔。

2）将转换开关置于"⊣⊢"和"•)))"位置。

3）红表笔接二极管正极，黑表笔接二极管负极，则可测得二极管正向电压降的近似值。

4）在电路通断检查时，将两只表笔分别触及被测电路两点，若两点电阻小于 70Ω 时，表内蜂鸣器发出鸣叫声则说明电路是通的，反之则不通。

（9）三极管共发射极直流电流放大系数（β）或（h_{FE}）的测量。

1）将转换开关置于"h_{FE}"位置。

2）测试条件为 $I_B=10\mu A$，$U_{CE}=2.8V$。

3）将三只引脚分别插入仪表面板的相应插孔，液晶显示器将显示出 h_{FE} 即（β）的近似值。

3. 注意事项

（1）数字万用表内置电池后方可进行测量工作，使用前应检查电池是否能正常工作。

（2）检查仪表正常后方可接通仪表电源开关。

（3）用导线连接被测电路时，导线应尽可能短，以减小测量误差。

（4）接线时先接地线端，拆线时后拆地线端。

（5）测量小电压时，逐渐减小量程，直至合适为止，这样读数会更准确。

（6）数字万用表的电压挡过荷能力较差，为防止损坏仪表，通电前应将量程开关置于最高电压挡位置，并且每测量一个电压之后，应立即将量程开关置于最高挡。

任务 3.2 示波器的使用

 【任务目标】

- 了解通用双踪示波器结构、面板功能和波形显示原理
- 掌握通用双踪示波器使用方法各种波形的测量方法
- 了解数字存储示波器的技术参数
- 掌握数字示波器通用功能的使用方法

示波器是一种观察电信号波形的电子仪器。可测量周期性信号波形的周期或频率、脉冲波的脉冲宽度和前后沿时间、同一信号任意两点间间隔、同频率两正弦信号间的相位差和调幅波的调幅系数等各种电参量。借助传感器还能观察非电参量随时间的变化过程。

根据用途、结构及性能，示波器一般分为通用示波器、多束示波器（或称多线示波器）、取样示波器、记忆与存储示波器、特殊示波器以及近年来才发展起来的虚拟仪器。本节以我院目前使用的 CA8020A 通用双踪示波器和 ADS1012 数字存储示波器来说明示波器的使用方法。

3.2.1 CA8020A 示波器

CA8020A 示波器是一款通用双踪示波器，在实验实训过程中使用很多。

1. CA8020A 示波器的特点

（1）交替扫描扩展功能可同时观察扫描扩展和未被扩展的波形，实现双踪四线显示。

（2）峰值自动同步功能可在多数情况下无需调节电平旋钮就能获得同步波形。

（3）释抑控制功能可以方便地多重复周期的双重波形。

（4）具有电视信号同步功能。

（5）交替触发功能可以观察两个频率不相关的信号波形。

2. CA8020A 示波器主要技术指标

CA8020A 示波器主要技术指标见表 3-1。

3. 面板装置图及面板的控制作用

CA8020A 示波器面板装置及功能如图 3-4 所示。

面板控制件作用功能见表 3-2。

表 3-1   **CA8020A 主要技术指标**

项　目		技 术 指 标
垂直系统	灵敏度	$5 \times 10^{-3} \sim 5V/$格　分 10 挡
	频宽（−3dB）	DC～20MHz
	输入阻抗	直接 1MΩ，25pF；经 10∶1 探极 10MΩ，16pF
	最大输入电压	400V（DC+AC 峰值）
	工作方式	CH1、CH2、交替（ALT）、断续（CHOP）、相加（ADD）
水平系统	扫描速度	$0.5 \sim 0.2 \times 10^{-6}s/$格　分 20 挡
	扫描速度	扩展×10，最快扫速 20nS/格
	灵敏度	同垂直系统
X-Y 方式	频宽（−3dB）	DC：$0 \sim 10^6$Hz，AC：$10 \sim 1 \times 10^6$Hz
	波形	方波
触发系统	触发灵敏度	内：DC～10MHz 1.0 格　DC～10MHz 1.5 格 外：DC～10MHz 0.3V　DC～20MHz 0.5V 电视：（TV signal 0.5V）
	触发电源	内，外
	触发方式	常态、自动、电视、峰值自动
	外触发最大输入电压	160V（DC+AC 峰值）
校正信号	频率	1kHz
	幅度	0.5V
电源		220V（1±10%），50Hz，40VA

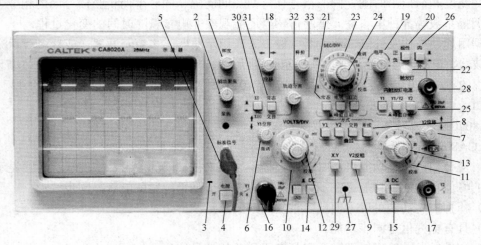

图 3-4　CA8020A 示波器面板装置功能图

表 3-2   **CA8020A 示波器面板控制件作用**

序号	控制件名称	功　能
1	辉度	调节光迹亮度，顺时针调节光迹变亮，逆时针调节光迹变暗
2	聚焦	辅助聚焦与聚焦旋钮配合调节，调节光迹的清晰度

续表

序号	控制件名称	功 能
3	电源指示灯	电源接通时，灯亮
4	电源开关	接通或开、关电源
5	探极校准	提供 0.5V、1kHz 的方波信号，用于探极、垂直与水平灵敏度校正
6/7	垂直（Y1、Y2）位移	调节 Y1、Y2 光迹在屏幕上的垂直位置
8	垂直方式	Y1 或 Y2 单独显示；Y1 和 Y2 交替实现双踪显示；Y1 和 Y2 断线显示，用于扫速较慢时双踪显示；叠加：用于 Y1 和 Y2 的代数和或差
9	通道 2 倒相	Y2 倒相开关，在 ADD 方式时使 Y1+Y2 或 Y1−Y2
10/11	垂直衰减开 VOLTS	调节垂直偏转灵敏度，分为 10 挡
12/13	垂直微调 DIV	调节垂直偏转灵敏度，分为 10 挡
14/15	耦合方式	选择被测信号输入垂直通道的耦合方式
16/17	Y1/X Y2/Y	垂直输入端或 X-Y 工作时 X、Y 输入端；X-Y 工作时 Y1 信号为 X 信号，Y2 为 Y 信号
18	X（水平）位移	调节光迹在屏幕上的水平位置
19	电平	调节被测信号在某一电平触发扫描
20	触发极性	选择信号的上升或下降沿触发扫描
21	触发方式	常态：按下常态，无信号时屏幕上无显示，有信号时，与电平控制配合显示稳定波形；电视：用于显示电视场信号；峰值自动：无信号时，屏幕上显示光迹，有信号时，无需调节电平即能获得稳定波形显示
22	触发指示	在触发同步时，指示灯亮
23	水平扫速开关 SEC	调节扫描速度，按 1、2、5 分 20 挡
24	水平微调 DIV	连续调节扫描速度，顺时针旋足为校正位置
25	内触发源	选择 Y1、Y2 电源或交替触发 Y1/Y2，交替触发受垂直方式开关控制
26	触发源选择	选择内或外触发
27	接地	与机壳相连的接地端
28	外触发输入	外触发输入插座
29	X–Y 方式开关	选择 X–Y 工作方式
30	扫描扩展开关	按下时扫速扩展 10 倍
31	交替扩展开关	按下时屏幕上同时显示扩展后的波形和未被扩展的波形
32	轨迹分离	交替扫描扩展时，调节扩展和未扩展波形的相对距离
33	释抑控制	改变扫描休止时间，同步多周期复杂波形

4. CA8020A 示波器的操作方法

（1）检查电源是否符合要求 220V（1±10%）。

（2）仪器校准。

1）亮度、聚焦、移位旋钮居中，扫描速度置 0.5ms/格且微调为校正位置，垂直灵敏度置 10mV/格且微调为校正位置，触发源置内且垂直方式为 CH1，耦合方式置于"AC"，触发方式置"峰值自动"或"自动"。

2）通电预热，调节亮度、聚焦，使光迹清晰并与水平刻度平行（不宜太亮，以免示波管老化）。

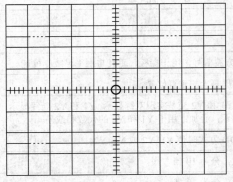

图 3-5　校正信号波形图

3）用 10:1 探极将校正信号输入至 CH1 输入插座，调节 CH1 移位与 X 移位，使波形与图 3-5 所示波形相符合。

4）将探极换至 CH2 输入插座，垂直方式置于"CH2"，重复 3）操作，得到与图 3-5 所示相符合的波形。

（3）信号连接。

1）探极操作。为减小仪器对被测电路的影响，一般使用 10:1 探极，衰减比为 1:1 的探极用于观察小信号，探极上的接地和被测电路地应采用最短连接。在频率较低、测量要求不高的情况下，可用前面板上接地端和被测电路地连接，以方便测试。

2）探极调整。由于示波器输入特性的差异，在使用 10:1 探极测试以前，必须对探极进行检查和补偿调节。校准时如发现方波前后出现不平坦现象，则应调节探头补偿电容。调整方法示意图如图 3-6 所示。

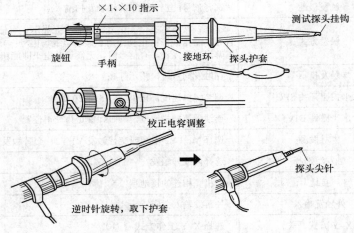

图 3-6　示波器探针结构示意图

（4）对被测信号和有关参量测试。

1）幅度的测量方法。幅度的测量方法包括峰-峰值（U_{P-P}）的测量、最大值的测量（U_{max}）、有效值的测量（V），其中峰-峰值的测量结果是基础，后几种测量都是由该值推算出来的。

a）正弦波的测量。正弦波的测量是最基本的测量。按正常的操作步骤使用示波器显示稳定的、大小适合的波形后，就可以进行测量了。

峰-峰值（U_{P-P}）的含义是波形的最高电压与最低电压之差，因此应调整示波器使之容易读数，图 3-7（a）所示的波形不容易读数，因此要调节 X 轴和 Y 轴的位移，使正弦波的下端置于某条水平刻度线上，波形的某个上端位于垂直中轴线上，就可以读数了，在图 3-7（b）所示波形中，可以很容易读出，波形的峰-峰值占了 6.3 格，如果 Y 轴增益旋钮被拨到 2V/格，并且微调已拨到校准，则正弦波的峰-峰值 U_{P-P}=6.3（格）×2（V/格）=12.6（V）。测出了峰-峰值，就可以计算出最大值和有效值了。

　　b）矩形波的测量。矩形波幅度的测量与正弦波相似，通过合适的方法找到其最大值与最小值之间的差值，就是峰-峰值（U_{P-P}），示波器是通过扫描的方式进行显示，因此矩形波的上升沿和下降沿由于速度太快，往往显示不出来，但高电平与低电平仍能清晰看到。在图 3-8 中可看到，矩形波的峰-峰值占 4.6 格，若 Y 轴增益旋钮被拨到 2V/格，则矩形波的峰-峰值 U_{P-P}=4.6（格）×2（V/格）=9.2（V）。

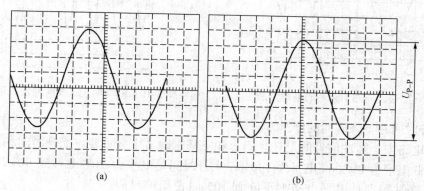

图 3-7　调整波形至合适的标尺位置
（a）波形的位置不利于读数；（b）波形的位置有利于读数

　　2）周期和频率的测量方法。

　　a）正弦波的测量。周期 T 的测量是通过屏幕上 X 轴来进行的。当适当大小的波形出现在屏幕上后，应调整其位置，使其容易对周期 T 进行测量，最好的办法是利用其过零点，将正弦波的过零点放在 X 轴上，并使左边的一个位于某竖刻度线上，测量两点之间的水平刻度，可计算出两点间的时间间隔如图 3-9 所示。可算得被测信号的周期 T 为

$$T=\frac{一周期的水平距离（格）×扫描时间因素（时间/格）}{水平扩展倍数}$$

　　在图中所示正弦波周期占了 6.5（格），如果扫描旋钮已被拨到的刻度为 5ms/格，可以推算出其周期 T=6.5（格）×5（ms/格）=32.5（ms）。

　　根据周期与频率之间的关系 $f=\dfrac{1}{T}$ 可以推算出

$$f=\frac{1}{32.5×10^{-3}(s)}=30.77（Hz）$$

　　正弦波的频率≈30.77（Hz）

　　为了使周期的测量更为准确，可以用如图 3-10 所示的多个周期的波形来进行测量。

　　b）矩形波的测量。矩形波周期的测量与正弦波相似，但由于矩形波的上升沿或下降沿在屏幕上往往看不清，因此一般要将它的上平顶或下平顶移到中间的水平线上，再进行测量，如图 3-11 所示。在图中一个周期占用了 7.25 格，如果扫描旋钮已被拨

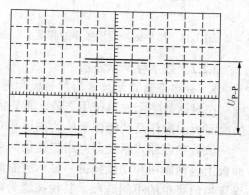

图 3-8　矩形波的测量图形显示

到的刻度为 2ms/格，可以推算出其周期 T=7.25（格）×2（ms/格）=14.5（ms），频率 f≈68.97Hz。

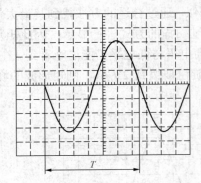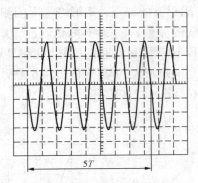

图 3-9　正弦波周期和频率的测量方法　　　　图 3-10　多周期正弦波的测量图形显示

3）上升时间和下降时间的测量方法。

在数字电路中，脉冲信号的上升时间 t_r 和下降时间 t_f 十分重要。上升时间和下降时间的定义是：以低电平为 0%，高电平为 100%，上升时间是电平由 10% 上升到 90% 时所使用的时间，而下降时间则是电平由 90% 下降到 10% 时使用的时间。

测量上升时间和下降时间时，应将信号波形展开使上升沿呈现出来并达到一个有利于测量的形状，再进行测量，如图 3-12 所示。在图中波形的上升时间占了 1.78（格），如果扫描旋钮已被拨到的刻度为 20μs/格，可以推算出上升时间 t_r=1.78×20=35.6（μs）。

需要指出，脉冲信号在上升沿的两头往往会有"冒头"，称为"过冲"，在测量时，不应将过冲的最高电压作为 100% 高电平。

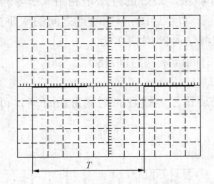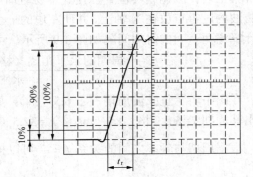

图 3-11　矩形脉冲周期频率的测量示意图　　　　图 3-12　脉冲上升沿的测量示意图

3.2.2　数字存储示波器

1. 数字存储式示波器的前面板和用户界面

在对该数字示波器使用之前，首先需要了解示波器前操作面板。以下内容对于此示波器的前面板的操作及功能作简单的描述和介绍，以便在最短的时间内熟悉该示波器的使用。

该数字存储式示波器向用户提供简单而功能明晰的前面板，以方便用户进行基本的操作。面板上包括旋钮和功能按键。显示屏右侧的一列 5 个灰色按键为菜单操作键，通过它们可以设置当前菜单的不同选项。其他按键为功能键，通过它们，可以进入不同的功能菜单或直接获得特定的功能应用。前面板主要功能如图 3-13 所示。

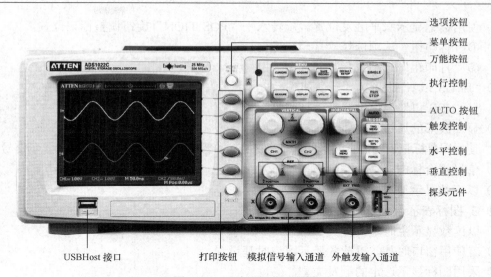

图 3-13　示波器操作面板图

界面显示位置及功能图如图 3-14 所示。具体显示内容如下。

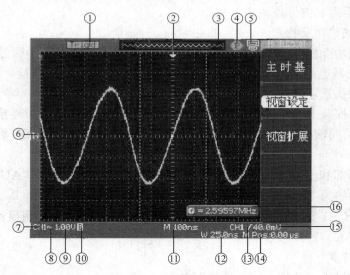

图 3-14　示波器界面显示区

① 触发状态。

Armed：已配备。示波器正在采集预触发数据。在此状态下忽略所有触发。

Ready：准备就绪。示波器已采集所有预触发数据并准备接受触发。

Trig'd：已触发。示波器已发现一个触发并正在采集触发后的数据。

Stop：停止。示波器已停止采集波形数据。

Stop：采集完成。示波器已完成一个"单次序列"采集。

Auto：自动。示波器处于自动模式并在无触发状态下采集波形。

Scan：扫描。在扫描模式下示波器连续采集并显示波形。

② 显示当前波形窗口在内存中的位置。

③ 使用标记显示水平触发位置。旋转水平"POSITION"旋钮调整标记位置。

④ Ⓟ "打印钮"选项选择"打印图像"。

　　Ⓢ "打印钮"选项选择"储存图像"。

⑤ "后 USB 口"设置为"计算机"。

　　"后 USB 口"也可设置为"打印机"。

⑥ 显示波形的通道标志。

⑦ 使用屏幕标记表明显示波形的接地参考点。若没有标记，不会显示通道。显示信号信源。

⑧ 信号耦合标志。

⑨ 以读数显示通道的垂直刻度系数。

⑩ Ｂ 图标表示通道是带宽限制的。

⑪ 以读数显示主时基设置。

⑫ 若使用窗口时基，以读数显示窗口时基设置。

⑬ 采用图标显示选定的触发类型。

⑭ 以读数显示水平位置。

⑮ 用读数表示"边沿"脉冲宽度触发电平。

⑯ 以读数显示当前信号频率。

2. 执行一次快速功能检查

执行一次快速功能检查，来验证示波器是否正常工作。请按如下步骤进行。

（1）打开示波器电源。示波器执行所有自检项目，并确认通过自检，按下"DEFAULT SETUP"按钮。探头选项默认的衰减设置为 1X。

（2）将示波器探头上的开关设定到 1X 并将探头与示波器的通道 1 连接。将探头连接器上的插槽对准 CH1 同轴电缆插接件（BNC）上的凸键，按下去即可连接，然后向右旋转以拧紧探头。

（3）将探头端部和基准导线连接到"探头元件"连接器上，按下"AUTO"按钮，几秒钟内，应当看到频率为 1kHz 电压约为 3V 峰—峰值的方波。

（4）按两次"CH1 菜单"按钮删除通道 1，按下"CH2 菜单"按钮显示通道 2，重复步骤（2）和步骤（3）。

3. 该示波器特点

（1）超薄外观设计、体积小巧、携带更方便。

（2）彩色 TFT LCD 显示，波形显示更清晰、稳定。

（3）丰富的触发功能：边沿、脉冲、视频、斜率、交替。

（4）独特的数字滤波与波形录制功能。

（5）6Mpts 波形记录功能，最长记录时间 33.3h。

（6）5 种触发功能：边沿、脉冲、视频、斜率、交替。

（7）Pass/Fail 功能。

（8）32 种自动测量功能。

（9）5 种数学运算：+、−、*、FFT。

（10）屏幕保护功能（1 分钟至 5 小时）。

（11）6 位硬件频率计实时计数显示。

（12）2 组参考波形、20 组普通波形、20 组设置内部存储/调出；支持波形、设置、CSV 和位图文件 U 盘外部存储及调出。

（13）手动、追踪、自动光标测量功能。

（14）通道波形与 FFT 波形同时分屏显示功能。

（15）模拟通道的波形亮度及屏幕网格亮度可调。

（16）弹出式菜单显示模式，用户操作更灵活、自然。

（17）丰富的界面显示风格：经典、现代、传统、简洁。

（18）多种语言界面显示，中英文在线帮助系统。

（19）独立通道控制、按键背光设计。

（20）标准配置接口：USB Host，支持 U 盘存储并能通过 U 盘进行系统软件升级；USB Device，支持 PictBridge 直接打印及与 PC 连接远程控制；RS-232 接口。

4. 外形及面板布置

（1）控制面板功能。

1）自动设定：自动设置功能可自动调整垂直系统，水平系统以及触发位置储存/调出，提供 2 组参考波形，20 组设置、20 组波形之内部储存/调出功能；外部 U 盘存/调出功能；外部打印功能。

2）读数分辨率：6 位。

3）范围：直流耦合，从 10Hz 到最大带宽。

4）信号种类：适用于所有可正常触发之信号（脉冲宽度触发以及视频触发除外）。

（2）强大功能。

1）输入

a）输入耦合：直流、交流、接地（AC、DC、GND）。

b）输入阻抗：1MΩ+/-2%‖17pF+/-3p。

c）最大输入电压：400V（DC+AC 峰值，1MΩ 输入阻抗），CAT I，CAT II。

d）探头衰减：1X、10X。

e）探头衰减系数设定：1X、10X、100X、1000X。

2）信号获取系统。

a）采样方式：实时采样、随机采样。

b）存储深度：双通道 40K，每通道 20K。

c）获取模式：采样、峰值检测、平均值。

d）平均次数：4、16、32、64、128、256。

3）垂直系统。

a）垂直灵敏度：2～10V/格（1-2-5 顺序）。

b）通道电压偏移范围：2～200mV：±1.6V　206mV～10V：±40V。

c）垂直分辨率：8bit。

d）带宽：60MHz。

e）单次带宽：60MHz。

f）低频相应（交流耦合，−3dB）：≤10Hz（在 BNC 上）。

g）直流增益精确度：5mV/div−10V/格：≤±3%；2mV/格：≤±4%。

h）直流测量精确度（≤100mV/格）：±[3.0%X（|实际读数|+|垂直位移读数|）+1%X|垂直位移读数|+0.2 格+2mV]。

i）直流测量精确度（＞100mV/格）：±[3.0%X（|实际读数|+|垂直位移读数|）+1%X|垂直位移读数|+0.2 格+100mV]。

j）上升时间（BNC 上典型值）：<5.8ns。

k）垂直端输入耦合：AC，DC，GND。

l）数学运算：+，−，*，/，FFT。

m）FFT：窗模式 Hanning，Hamming，Blackman，Rectangular；采样点 1024 点。

n）带宽限制：20MHz（−3dB）。

4）水平系统。

a）实时采样率：单通道 1GSa/s，双通道 500MSa/s。

b）等效采样率：50GSa/s。

c）显示模式：MAIN，WINDOW，WINDOW ZOOM，ROLL，X–Y。

d）时基精度：±100ppm（在任何大于 1ms 的时间间隔）。

e）水平扫描范围：2.5ns/格～50s/格；Scan：100ms/格～ 50s/格（1–2.5–5 顺序）。

5）X–Y 模式。

a）X–轴输入/Y–轴输入：通道 1（CH1）/通道 2（CH2）。

b）相位移：±3Degrees。

c）采样频率：XY 方式突破了传统低端示波器局限在 1MSa/s 采样率的限制，支持 25kSa/s～100Msa/s 采样率（1–2.5–5 顺序）可调。

6）测量系统。

a）自动测量（32 种）：最大值、最小值、峰峰值、幅值、顶端值、底端值、周期平均值、平均值、周期均方根、均方根、上升过激、下降过激、上升前激、下降前激、上升时间、下降时间、频率、周期、脉宽、正脉宽、负脉宽、正占空比、负占空比、相位、FRR、FRF、FFR、FFF、LRR、LRF、LFR、LFF；

b）光标测量：手动、追踪、自动三种光标测量方式。

7）触发系统。

a）触发类型：边沿、脉宽、视频、斜率、交替。

b）触发信源：CH1、CH2、EXT、EXT/5、AC Line。

c）触发模式：自动、正常、单次。

d）触发耦合：直流、交流、低频抑制、高频抑制。

e）触发电平范围：CH1、CH2——距离屏幕中心 6 格；EXT——±1.2V；EXT/5——±6V。

f）触发位移：预触发存储深度/（2*采样率），延迟触发 260 格。

g）释抑范围：100ns～1.5s。

h）边沿触发：边沿类型——上升、下降、上升&下降。

i）脉宽触发。

触发模式：（大于、小于、等于）正脉宽，（大于、小于、等于）负脉宽；

脉冲宽度范围：20ns～10s。

j）视频触发。

支持信号制式：PAL/SECAM、NTSC。

触发条件：奇数场、偶数场、所有行、指定行。

k）斜率触发：（大于、等于、小于）正斜率，（大于、等于、小于）负斜率；时间设置——20ns～10s。

l）交替触发：CH1 触发类型 边沿、脉宽、视频、斜率；CH2 触发类型 边沿、脉宽、视频、斜率。

8）电源。

a）电源电压：100～240VAC，CAT II，自动选择。

b）使用交流电源频率范围：45～440Hz。

c）消耗功率：50VA Max。

9）环境。

a）温度。工作——10℃至+40℃；不工作——85%RH，65℃，24 小时。

b）冷却。风扇强制冷却。

c）湿度。工作——85%RH，40℃，24h；不工作——85%RH，65℃，24h。

d）高度。工作——3000m；不工作——15 266m。

5. 应用示例

这里介绍几个应用示例，这些简化示例重点说明了示波器的主要功能，供参考以用于解决自己实际的测试问题。

（1）简单测量。观测电路中一未知信号，迅速显示和测量信号的频率和峰峰值。

1）使用自动设置。要快速显示该信号，可按如下步骤进行。

a）按下"CH1 菜单"按钮，将探头选项衰减系数设定为 10X，并将探头上的开关设定为 10X。

b）将通道 1 的探头连接到电路被测点。

c）按下"AUTO"按钮。

示波器将自动设置垂直、水平、触发控制。若要优化波形的显示，可在此基础上手动调整上述控制，直至波形的显示符合要求。

注：示波器根据检测到的信号类型在显示屏的波形区域中显示相应的自动测量结果。

2）进行自动测量。示波器可自动测量大多数显示信号。要测量信号的频率、峰峰值按如下步骤进行。

a）测量信号的频率。

按"MEASURE"按钮，显示"自动测量"菜单。

按下顶部的选项按钮。

按下"时间测试"选项按钮，进入"时间测量"菜单。

按下"信源"选项按钮选择信号输入通道。

按下"类型"选项按钮选择"频率"。

相应的图标和测量值会显示在第三个选项处。

b）测量信号的峰峰值。

按"MEASURE"按钮，显示"自动测量"菜单。

按下顶部的选项按钮。

按下"电压测试"选项按钮，进入"电压测量"菜单。

按下"信源"选项按钮选择信号输入通道。

按下"类型"选项按钮选择"峰峰值"。相应的图标和测量值显示在第三个选项处。

注：测量结果在屏幕上的显示会因为被测量信号的变化而改变。

如果"值"读数中显示为****，请尝试"Volt/div"旋钮旋转到适当的通道以增加灵敏度或改变"S/div"设定。

（2）光标测量。使用光标可快速对波形进行时间和电压测量。

1）测量振荡频率。要测量某个信号上升沿的振荡频率，请执行以下步骤。

a）按下"CURSORS"按钮，显示"光标菜单"。

b）按"光标模式"按钮选择"手动"。

c）按下"类型"选项按钮，选择"时间"。

d）按下"信源"选项按钮，选择"CH1"。

e）按下"CurA"选项按钮，旋转"万能"旋钮将光标 A 置于振荡的一个波峰处。

f）按下"CurB"选项按钮，旋转"万能"旋钮将光标 B 置于振荡的相邻近的波峰处。

在显示屏的左上角将显示时间增量和频率增量（测量所得的振荡频率），如图 3-15 所示。

2）测量振荡幅值。要测量振荡的幅值。请执行以下步骤。

a）按下"CURSORS"按钮，显示"光标菜单"。

b）按"光标模式"选项按钮选择"手动"。

c）按下"类型"选项按钮，选择"电压"。

d）按下"信源"选项按钮，选择"CH1"。

e）按下"CurA"选项按钮，旋转"万能"旋钮将光标 A 置于振荡的高波峰处。

f）按下"CurB"选项按钮，旋转"万能"旋钮将光标 B 置于振荡的低点处。

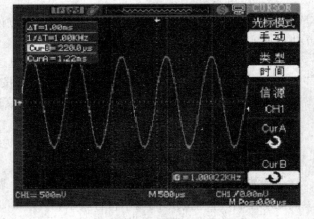

图 3-15　测量振荡频率图形显示

此时显示屏的左上角将显示下列测量结果，如图 3-16 所示。

电压增量（振荡的峰峰值）。

光标 A 处的电压。

光标 B 处的电压。

（3）捕捉单次信号。若捕捉一个单次信号，首先需要对此信号有一定的先验知识，才能设置触发电平和触发沿。若对于信号的情况不确定，可以通过自动或正常的触发方式先行观察，以确定触发电平和触发沿。操作步骤如下。

1）设置探头和 CH1 通道的探头衰减系数为 10X。

2）进行触发设定。

a）按下"TRIG MENU"按钮，显示"触发菜单"。

b）在此菜单下设置触发类型为"边沿触发"；边沿类型为"上升沿"；信源为"CH1"；触发方式为"单次"；耦合为"直流"。

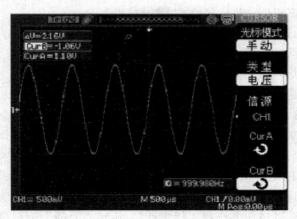

图 3-16 测量振荡幅度图形显示

c）调整水平时基和垂直挡位至合适的范围。

d）旋转"LEVEL"旋钮，调整合适的触发电平。

e）按"RUN/STOP"执行按钮，等待符合触发条件的信号出现。如果符合有某一信号达到设定的触发电平，即采集一次，显示在屏幕上。

利用此功能可以轻易捕捉到偶然发生的事件，例如幅度较大的突发性毛刺：将触发电平设置到刚刚高于正常信号电平，按"RUN/STOP"按钮开始等待，则当毛刺发生时，机器自动触发并把触发前后一段时间的波形记录下来。

通过旋转面板上水平控制区域的水平"POSITION"旋钮，改变触发位置的水平位置可以得到不同长度的负延迟触发，便于观察毛刺发生之前的波形。

（4）分析信号的详细信息。当示波器上显示一个噪声信号时，需要了解其详细信息。此信号可能包含了许多无法从显示屏上观察到的信息。

1）观察噪声信号。信号显示为一个噪声时，怀疑此噪声导致电路出现了问题。要更好地分析噪声，可执行以下步骤。

a）按下"ACQUIRE"按钮，显示"采集"菜单。

b）按"获取方式"选项按钮或旋转"万能"旋钮选择"峰值检测"。

c）若有必要，可按下"DISPLAY"按钮查看"显示"菜单。旋转"万能"旋钮来调节"网格亮度"或"波形亮度"，以便清晰地查看噪声。

峰值测定侧重于信号中的噪声尖峰和干扰信号，特别是使用较慢的时基设置时。

2）将信号从噪声中分离。要减少示波器显示屏中的随机噪声，可执行以下步骤。

a）按下"ACQIORE"按钮，显示"采集"菜单；

b）按"获取方式"选项按钮或旋转"万能"旋钮选择"平均值"；

c）按下"平均次数"选项按钮可查看改变运行平均操作的次数对显示波形的影响。

平均操作可减少随机噪声，并且更容易查看信号的详细信息。

（5）视频信号触发。观测一医疗设备中的视频电路，应用视频触发可获得稳定的视频输出信号显示。

1）视频场触发。要对视频场进行触发，可执行以下步骤。

a）按下"TRIGMENU"按钮，显示"触发菜单"。

b）按下"类型"选项按钮，选择"视频"。

c）按下"信源"选项按钮，选择"CH1"。

d）按下"同步"选项按钮，选择"奇数场"或"偶数场"。

e）按下"标准"选项按钮，选择"NTSC"。

f）旋转水平的"S/div"旋钮以查看整个显示屏上的完整场。

g）旋转垂直的"Volt/div"旋钮，确保整个视频信号都出现在显示屏上。

2）视频行触发。要在视频行上触发，可执行以下步骤。

a）按下"TRIGMENU"按钮，显示"触发菜单"。

b）按下"类型"选项按钮，选择"视频"。

c）按下"同步"选项按钮并选择"指定行"，旋转"万能"旋钮设置指定的行数。

d）按下"标准"选项按钮，选择"NTSC"。

e）旋转"S/div"旋钮以查看整个显示屏上的完整视频线。

f）旋转"Volt/div"旋钮，确保整个视频信号都显示在显示屏上。

（6）X–Y功能的应用。测试信号经过一电路网络产生的相位变化。

将示波器与电路连接，监测电路的输入输出信号。

要以XY显示格式查看电路的输入输出，可执行以下步骤。

1）按下"CH1菜单"按钮，将探头选项衰减设置为10X。

2）按下"CH2菜单"按钮，将探头选项衰减设置为10X。

3）将探头上的开关设为10X。

4）将通道1的探头连接至网络的输入，将通道2的探头连接至网络的输出。

5）按下"AUTO"按钮。

6）旋转"Volt/div"旋钮，使两个通道上显示的信号幅值大致相同。

7）按下"DISPLAY"按钮，在格式选项选择"XY"，示波器显示一个李沙育图，表示电路的输入和输出特性。

8）旋转"Volt/div"和垂直"POSITION"旋钮以优化显示。

9）按下"持续"选项按钮，选择"无限"。

10）分别选择"网格亮度"和"波形亮度"旋转"万能"旋钮来调整显示屏的对比度。

11）应用椭圆示波图形法观测并计算出相位差，如图3-17所示。

示波器工作于X—Y方式时，将y_1加到示波器的Y轴，y_2加到X轴，则会出现椭圆李沙育图形，移动到中心对称位置，图形的方程为

$$y=A_1\cos\omega t$$
$$y=A_2\cos(\omega t-\varphi)$$

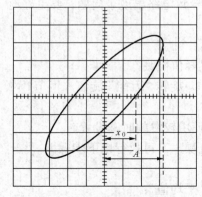

图3-17　李沙育图形显示

$$=A_2(\cos\omega t \cos\varphi + \sin\omega t \sin\varphi)$$

当 $y=A_1\cos\omega t=0$ 时，图形与 X 轴相交于 x_0，则 $x_0=A_2\sin\varphi$。因此，只要利用屏幕上的标尺测出在水平方向上的振幅 A 和 x_0，则位相差为：$\varphi=\arcsin x_0/A$。

如图 3-17 所示为一定相位差的李沙育图形。

📚 项 目 小 结

本项目主要介绍了以下内容。

（1）指针式万用表结构、工作原理、使用方法及使用注意事项。

（2）数字式万用表结构、基本功能、使用方法及使用注意事项。

（3）通用双踪示波器的结构、工作原理、操作面板布局及典型信号技术参数的测量方法。

（4）数字存储示波器面板结构、主要技术指标、通用功能测量方法。

🎯 项 目 训 练

（1）结合训练项目 2 中关于电阻器的检测、电容器的检测、电感线圈及变压器的检测和常用半导体元器件的检测训练，熟练掌握机械式万用表、数字式万用表的各功能的使用与操作。

（2）结合训练项目 5 中电子产品组装调试方法、工艺过程熟练掌握通用示波器和数字存储示波器的使用方法及各种电参量的测量。

训练项目 4 电子产品安装与调试工艺

任务 4.1 电子产品装配工艺

 【任务目标】

（1）了解电子电路、电子产品典型装配制造工艺流程
（2）学会一般电子产品组装工艺作业指导书的编制方法
（3）掌握电子元器件安装规范、安装方法及工艺

4.1.1 一般电子产品装配工艺流程

电子、电气产品制造过程中电子组件的生产，一般包括以下几个生产流程：①元器件与零部件检测；②元器件老化筛选；③元器件加工成形；④元器件插装与其他零件的安装；⑤焊接；⑥成品检验与调试等。这些流程中工作质量直接影响产品质量，必须严格按工艺要求进行。每一流程还可分为若干工序，图 4-1 所示为电子组件板典型装配制造流程。

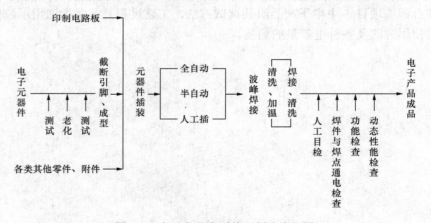

图 4-1 电子产品典型装配制造流程图

4.1.2 电子产品装配工艺文件

工艺文件是根据设计文件、图纸及生产定型样机，结合工厂实际，如工艺流程、工艺装备、工人技艺水平和产品的复杂程度而制定出来的文件。它以工艺规程（通用工艺文件）和整机工艺文件的形式，规定了实现设计图纸要求的具体加工方法。

1. 工艺文件制定的原则、要求和格式

（1）编制工艺文件的原则。编制工艺文件应在保证产品质量和有利于稳定生产条件下，以最经济、最合理的工艺手段进行加工为原则。编制工艺文件的原则有以下几点。

1）编制工艺文件，要根据产品批量的大小、技术指标的高低和复杂程度区别对待。对于一次性生产产品，可根据具体情况编定临时工艺文件或参照借用同类产品的工艺文件。

　　2）编制工艺文件要考虑到车间的组织形式、工艺装备以及工人的技术水平等情况，必须保证编制的工艺文件切实可行。

　　3）对于未定型的产品，可以编写临时工艺文件或编写部分必要的工艺文件。

　　4）工艺文件以图为主，力求做到容易认读、便于操作，必要时加注简要说明。

　　5）凡属装调工应知应会的基本工艺规程内容，可以不再编入工艺文件。

　　（2）编制工艺文件的要求。

　　1）工艺文件要有统一的格式、统一的幅面，图幅大小应符合有关标准，并装订成册，配齐成套。

　　2）工艺文件的字体要正规、书写要清楚、图形要正确。工艺图上尽量少用文字说明。

　　3）工艺文件所用的产品名称、编号、图号、符号、材料和元器件代号等，应与设计文件一致。

　　4）编写工艺要执行审核、会签、批准手续。

　　5）线扎图尽量采用 1:1 的图样，并进行准确绘制，以便于直接按图纸做排线板排线。

　　6）工序安装图可不必完全按实样绘制，但基本轮廓应相似，安装层次应表示清楚。

　　7）装配接线图中的接线部位要清楚，连接线的接点要明确。内部接线可假想移出展开。

　　（3）工艺文件的格式。

　　1）封面。工艺文件封面在工艺文件装订成册时使用。

　　2）工艺文件目录。

　　3）工艺路线表。工艺路线表为产品的整件、部件、零件在加工准备过程中做工艺路线的简明显示用，供企业有关部门作为组织生产的依据。

　　4）导线及扎线加工表。导线及扎线加工表供导线及扎线加工准备及排线时使用。

　　5）配套明细表。编制配套用的零部件、整件及材料与辅助材料清单，供有关部门在配套及领、发料时用。

　　6）工艺说明及简图。工艺说明及简图可做任何一种工艺过程的续卡，供画简图、表格、及文字说明用；也可用做编写调试说明、检验要求等工艺文件说明。

　　7）工艺文件更改通知单。工艺文件更改通知单供进行工艺文件内容的永久性修改时使用。

　　2. 电子产品工艺文件

　　（1）工艺文件的作用。

　　1）为生产部门提供规定的流程和工序便于组织产品有序生产。

　　2）提出各工序和岗位的技术要求和操作方法，保证操作员工生产出符合质量要求产品。

　　3）为生产计划部门和核算部门确定工时定额和材料定额，控制产品的制造成本和生产效率。

　　4）按照文件要求组织生产部门的工艺纪律管理和员工的管理。

　　（2）工艺文件的种类。

　　1）产品工艺流程：用于整体生产组织。

　　2）工艺定额（工时定额和材料定额）：用于人员组织和材料采购。

　　3）岗位作业指导书：指导员工生产操作。

　　4）设备工作程序和测试程序：设备正确使用和测试。

　　5）通用工艺规范：规范员工的生产活动或应遵守的工艺纪律。

　　6）工装制作及使用文件：制作产品的生产或检测工装。

　　（3）生产线工艺文件的编制方法。

　　1）根据设计文件和样品先熟悉产品。

　　2）确定工艺流程和工时定额、人员定额和生产节拍（工时定额：每一个工人生产一件产品所需的时间）。

　　3）排定工序，设计工装。

　　4）编制作业指导书。

　　（a）作业指导书的编制内容和原则。

　　a）岗位作业指导书的基本内容：

　　作业指导书必须写明产品名称规格型号、该岗位的工序号以及文件编号，以便查阅。

　　必须说明该岗位的工作内容，是"插件"、检验还是补焊。

　　写明本岗位工作所需要的原材料、元器件和设备工具的规格型号及数量，并且说明装配在什么位置。

　　有图纸或实物样品加以指导，插件岗位可以画出了印制板实物丝印图供本岗位员工用来对照阅读，装配岗位可以配置照片或画出接线图、装配图供本岗位员工对照示范。

　　写明技术要求告诉员工具体怎样操作，以及注意事项。

　　工艺文件必须有编制人、审核人和批准人签字。

　　b）岗位作业指导书编制原则：

　　安排插装的顺序时，先安排体积较小的跳线、电阻、瓷片电容等，后安排体积较大的继电器、大的电解电容、安规电容、电感线圈等。

　　印制板上的位置应先安排插装离人体较远的一方、后安排插装离人体较近的一方，以免妨碍较远一方插装。

　　带极性的元器件如二极管、三极管、集成电路、电解电容等，要特别注意标志出方向，以免装错。

　　插装好的电路板是要用波峰机或浸焊炉焊接的，焊接时要浸助焊剂，焊接温度达 240℃以上，因此，电路板上如果有怕高温、助焊剂容易浸入的元器件要格外小心，或者安排手工补焊。

　　同一岗位不宜安排插装太多种类的元器件，以免搞混出错，相同规格的元器件最好安排在同一岗位上插装。

　　有容易被静电击穿的集成电路时，要采取相应防静电措施防止元器件损坏。

　　总之，电子产品整机装配的工艺文件涉及内容很多，在此只作了简单说明。

　　（b）电子产品作业指导书实例。

　　表 4-1 是某数字电路实验板制作工艺过程中某岗位作业指导书图样。

4.1.3　元器件安装形式

　　元器件的插装方法可分为手工插装和自动插装。不论采用哪种插装方法，其插装形式大都为立式插装、卧式插装和横向插装。

　　1.　立式插装

　　立式插装是将元器件垂直插入印制电路板，如图 4-2（a）所示。立式插装的优点是插装密度大，占用印制电路板的面积小，插装与拆卸都比较方便。电容、三极管多用此法。

表 4-1　　　　　　　　电子产品工艺过程卡片图样（岗位作业指导书）

文件编号		电子产品 工艺过程卡片	改订日期	1		裁决	起 案	审 议
产品名称	数字实验板			2				
制定日期				3				
作业名	手插 6	操 作 顺 序 及 方 法			注 意 事 项 及 处 理 方 法			

作业名：手插6	操作顺序及方法	注意事项及处理方法
	作业前准备事项： （1）核对产品（线路板的型号是否与工艺文件所指型号规格相同）。 （2）确定本工位所使用的资材和工具。 （3）操作时必须戴防静电带。 （4）领取本工位所需元件放入料盒中。 （5）随时保持工作台清洁。 作业顺序： （1）如图所示　头位置插装本工位元件。 （2）固定线路板与夹具中。 （3）将元器件按图示准确插入线路板中（注意极性）。 （4）将本工位的元器件进行焊接（注意锡量及加热时间防止虚焊）。 检验本工序及上道工序无误转入下道工序	（1）电容，二极管，LED 等查到位且正确。 （2）材料盒元件要和料盒中的料型号一致，定时定量投放元器件。 （3）元件插装时应对元件编号再次确认。 （4）当元件中出现不良元件放到废料盒中与良品分离放置。 （5）发现异常现象不能解决及时通知主管人员

使用材料表

序号	材料名称	位号	型号规格	数量
10	电容	13	470μF	2
11	拨动开关	14		1
12	LED	15	φ3 红	1
13	电源插座	16		1
14	二极管	17	1N4007	1
15	三端稳压器	18	L7805CV	1
16	散热片	19		1
17	螺钉		M3×10	1

2. 卧式插装

卧式插装是将元器件紧贴印制电路板的板面水平放置，元器件与印制电路板之间的距离可视具体要求而定，如图 4-2（b）所示。要求元器件数据标记面朝上，方向一致，卧式插装的优点是元器件的重心低，比较牢固稳定，受振动时不易脱落，更换时比较方便。由于元器件是水平放置，故节约了垂直空间。

电阻器、电容器、半导体二极管轴向对称元件根据需要常采用卧式或立式插装方法。采用何种插装方法与电路板设计有关。应视具体要求，可采用卧式或立式插装法。

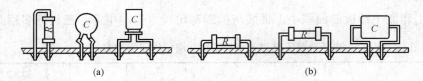

图 4-2　元器件安装形式

（a）立式安装；（b）卧式安装

3. 横向插装

横向插装如图 4-3 所示。它是将元器件先垂直插入印制电路板，然后将其朝水平方向弯曲。该插装形式适用于具有一定高度的元器件，以降低安装高度。

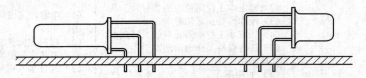

图 4-3　元器件的横式安装

4. 晶体管的安装

晶体管的安装一般以立式安装最为普遍，在特殊情况下也有采用横向或倒立安装的。不论采用哪一种插装形式，其引线都不能保留得太长，太长的引线会带来较大的分布参数，一般留的长度为 3～5mm，但也不能留得太短，以防止焊接时过热而损坏晶体管。小功率晶体二极管的安装如图 4-4 所示。

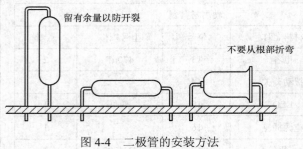

留有余量以防开裂

不要从根部折弯

图 4-4　二极管的安装方法

塑封晶体管的安装与金属封装管的安装方法基本相同。但对于一些大功率自带散热片的塑封晶体管，为提高其使用功率，往往需要再加一块散热板。安装散热板时，一定要让散热板与晶体管的自带散热片有可靠的接触，使散热顺利。

不同晶体三极管的安装如图 4-5 所示。

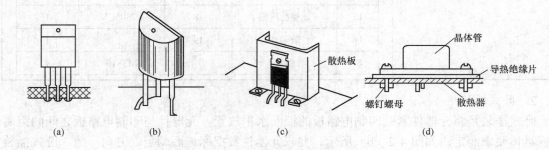

图 4-5　三极管安装方法

（a）中功率管安装；（b）小功率管安装；（c）塑封大功率管安装；（d）金封大功率管安装

5. 集成电路的安装

集成电路的引线比晶体管及其他元器件要多许多，而且引线间距很小，所以安装和焊接的难度要比晶体管大。

集成电路的封装形式很多，有晶体管式封装、单列直插式封装、双列直插式封装和扁平式封装。在使用时，一定要弄清楚引线排列的顺序及第一引脚是哪一个，然后再插入印制电路板。对于大功率的集成电路和厚膜集成电路也要加合适的散热装置。

（1）双列直插式集成电路（DIF）安装。安装方法有直接安装法及安装集成插座后再转插接集成电路的间接安装的插装方法。

（2）扁平式封装集成电路（PAC）安装。扁平式封装集成电路安装往往是直接将集成电路平装在印制板的覆铜焊接面上，它的安装属于贴片元件的插装内容（是使用特制的胶体将集成电路粘贴在印制板上然后再进行焊接）。

6. 变压器、大电解电容器、磁棒的安装

变压器、大电解电容器等元器件的体积、重量均比半导体管、集成电路大而重，如安装不妥，会影响整机质量。

中频变压器及输入、输出变压器本身带有固定脚，安装时将固定脚插入印制电路板的孔位，然后锡焊即可。

对于较大电源变压器，就要采用螺钉将其固定，最好在螺钉上加弹簧垫圈，以防螺母或螺钉松动。

磁棒安装一般采用塑料支架固定，先将支架插到印制电路板的支架孔位上，然后从反面将塑料加热熔化，待塑料脚冷却后，再将磁棒插入。或采用将塑料支架压接在可变电容器下的安装方法。

对于较大体积的电解电容器，可用弹性夹夹紧后再固定在印制板上，如图4-6所示。

元器件在印制电路板上安装原则一般应先低后高，先轻后重，先一般后特殊。并应根据产品实际情况，合理安排元器件安装顺序。除特殊情况外，MOS型集成电路一般应最后装焊，并注意使用带有接地措施的电烙铁和相应的插头（座），尽量采取防静电措施。

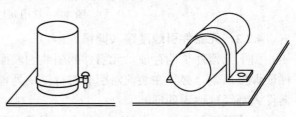

图4-6　大电解电容器的固定

任务 4.2　电子电路、电子产品安装准备

【任务目标】

- 掌握电子元器件引脚成型及引线处理方法及工艺
- 掌握连接导线头的加工与处理方法及工艺过程
- 掌握导线、电缆扎线方法及布装工艺
- 掌握印制电路板焊前检查及修复处理方法
- 掌握电子元器件插装后引脚处理工艺

4.2.1　元器件引脚成型

在组装电子组件（印制电路板）时，为保证产品质量，提高焊接质量，避免浮焊，使元

器件排列整齐、美观，元器件引线成型是不可缺少的工艺流程。工厂生产元器件成型多采用模具成型和元器件引脚成型机来完成，而业余条件下或在产品试制过程中，一般人工用尖嘴钳或镊子成型。元器件引线成型形状有多种，应根据装接方法不同而选用。图 4-7 所示为常用元器件引脚成形状示意图。

前面讲过，为了便于安装和焊接元器件，在安装前，要根据其安装位置的特点及技术要求，预先把元器件引线弯曲成一定的形状，并进行搪锡处理。

元器件引线的折弯成形，应根据焊点间距，做成需要的形状，图 4-7 中前三个为卧式形状，后两个为立式形状。图中第一个使用时可直接贴到印制电路板上；而后四个则要求与印制电路板有 2～5mm 的距离，用于双面印制电路板或利于发热元器件散热。图中第三、五个打弯后由于引线较长，多用于焊接时怕热的元器件。

引线成形后，元器件本体不应产生破裂，表面封装不应损坏，引线弯曲部分不允许出现模印裂纹。

引线成形后其标称值应处于查看方便的位置，一般应位于元器件的上表面或外表面。

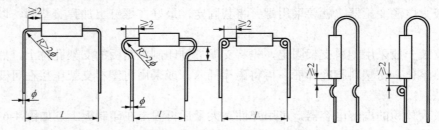

图 4-7　常用元件引脚成形状

4.2.2　元器件引线浸锡（搪锡）

由于元器件长期存放，元器件的引线因表面附有灰尘、杂质与氧化层使可焊性变差。为保证焊接质量，必须在装前对引脚进行浸锡处理，这一工艺过程亦称为搪锡（目前使用的元器件大都经过镀锡处理）。

在给元器件引线浸锡前，必须去掉引线上杂质。手工方法是：用小刀或折断的钢锯条断面，沿引线方向，距离引线根部 2～4mm 处向外刮，边刮边转动引线，将杂质、氧化物刮净为止。也可用细砂布擦拭去氧化物。在刮引线时，应注意以下几点。

（1）不能把原有镀层刮掉。

（2）不能用力过猛，以防伤及引线及器件体。

（3）刮净后的引线应及时沾上助焊剂，放入锡锅浸锡或用电烙铁上锡。在浸锡或上锡过程中，注意上锡时间不能过长，以免过热而损坏元器件。半导体器件上锡时，可用镊子夹持引线上端，以利散热，避免损坏元件，如图 4-8 所示。

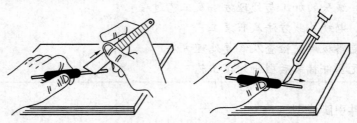

图 4-8　元器件引脚处理（先刮后搪锡）

4.2.3 绝缘导线端头加工

绝缘导线在接入电路组件前必须进行加工处理，以确保引线接入电路后装接可靠、导电良好且能经受一定拉力而不致产生断头。

导线端头加工步骤。

1）按所需长度截断导线。

2）按导线连接方式（搭焊、钩焊、绕焊连接）决定剥头长度并剥头。

3）多股导线捻头处理。

4）上锡。

（1）剥头。剥头就是将导线端头的绝缘物剥去露出芯线。剥头一般采用剥线钳进行，使用时要选择合适钳口，以免芯线损坏。手头无剥线钳时也可用尖嘴钳、剪线钳进行剥头。加工过程中用力不当极易损坏芯线，需十分小心。

（2）捻头。多股导线经剥头处理后，芯线容易松散，不经处理就浸锡加工，线头会变得比原导线直径粗得多，并带有毛刺，易造成焊盘或导线间短接。多股导线剥头后一定要经捻头处理。具体方法是：按芯线原来捻紧方向继续捻紧，一般螺旋角在 30°～40°之间。捻线时用力不能过大，以免将细线捻断。

经捻头后导线应及时浸锡，方法与元器件引线搪锡方法基本相同。但应注意搪锡时不要伤及绝缘层，如绝缘层沾锡或过热，会使绝缘层熔化卷起。

（3）屏蔽导线与同轴电缆端头处理。屏蔽导线是单根或多根绝缘导线外部套有金属编织线。屏蔽导线的导线端头处理同一般绝缘导线。外套金属编织线应进行加工处理：用镊子将金属编织线的根部扩成线孔，将绝缘导结线从孔中穿出，然后把编织线捻紧。后上锡，以防金属编织线散开形成毛刺。上锡时应防止烫伤内导线绝缘层，如图 4-9 所示。

图 4-9 屏蔽线端头的处理

屏蔽导线与同轴电缆为收录机、电视机装配常用绝缘导线。它的端头处理质量直接影响装配效果。

同轴电缆的端头处理过程是，先将外层塑料保护套剥除，加工屏蔽编织层，再剥除内绝缘体，露出内单芯铜线，根据焊接位置需要对屏蔽层和内芯线作预挂锡处理。

4.2.4 导线、线扎、电缆安装

1. 绝缘套管的使用

（1）使用绝缘套管的目的。

1）增加电气绝缘性能。

2）增加导线或元器件的机械强度。

3）保护耐热性差的导线。

4）色别表示，便于检查维修。

作为扎线材料，将多根导线束为一个整体，使之整齐美观，减少占用空间、提高产品稳定性、可靠性。常用套管有聚氯乙烯套管、黄　套管、硅黄　玻璃纤维套管及热收缩套管等。

（2）绝缘套管的使用方法。导线上加套管是为增强导线绝缘性，用较长的套管把导线套起来。若只是为了把导线集中成束，则可用较短套管把导线套起来即可。导线加装绝缘套管的方法如图 4-10 所示。

图 4-10　给导线加装套管的方法

2. 扎线

扎线是把导线整齐　扎起来的过程，其成品称之为扎线。其目的一是防止连接导线杂乱无　，使之整齐美观，减小占用空间；二是提高产品的稳定性和可靠性。在扎线过程中，首先确定要扎绝缘导线和电缆根数，以免漏扎。扎线在以前常用　线或尼龙线　扎，现多用高强度有机高分子材料制成的扎线带、扎线卡等直接扎卡。常见的扎线用品如图 4-11 所示。

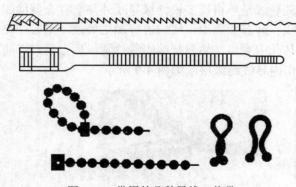

图 4-11　常用的几种导线　扎带

导线扎制造过程中，应注意以下问题。

（1）同一方向走线应　扎成线扎，线扎内的导线应清洁、平直、整齐。

（2）线扎内电源、高压、高频、大电流导线应按设计要求处理，信号线与电源线"输入"和"输出"端应尽量分别　扎，以减少信号之间的相互干扰。

（3）载流导线在成束　扎时应尽可能使电流传输方向往返成对，以减少线扎本身的磁场影响。

3. 导线和套管色标的规定

（1）色标规定。在电子、电气产品中有很多导线和元器件，为了便于检查与维修，对导线和绝缘套管依电路选择颜色，规定如下。

1）交流三相电路。第一相（U 相）：黄色；第二相（V 相）：绿色；第三相（W 相）：红色；中性线（零线）：　蓝色；安全用的接地保护线：黄绿相间双色线。

2）单相交流电路。相线（火线）：棕色；中性线（零线）：蓝色；保护接地线：黄绿相间双色线。

3）直流电源。正极：红色；负极：黑色。

4）半导体三极管。集电极（c）：红色；基极（b）：黄色；发射极（e）：蓝色。

5）半导体二极管。阳极（正极）：蓝色；阴极（负极）：红色。

6）晶闸管。阳极：蓝色；阴极：红色；控制极：黄色。

7）双向晶闸管。控制极：黄色；主电极：白色。

8）半导体双基极管。发射极（e）白色；第一基极（b1）：绿色；第二基极（b2）：黄色。

9）场效应晶体管。源极（s）：白色；栅极（G）：绿色；漏极（D）：红色。

10）有极性电容器（电解电容器）。正端：蓝色；负端：红色。

11）光耦合器件。输入端阳极：蓝色；阴极：红色；输出端（e）：黄色；输出端（c）：白色。

12）电子管。控制栅极：绿色；灯丝（交流）：白色。

（2）导线、绝缘套管的代用色。红、蓝、白、黄、绿的代用色依次为粉红、天蓝、灰、橙、紫色。

具体标色时，在一根导线上如遇有两种或两种以上可标色，应视该电路的特定情况依电路中需要表示的含义确定色标。

（3）依导线及绝缘套管标志电路时，应符合国标 GB 2681 规定。

（4）指示灯和按钮的颜色查阅 GB 2682 的规定。

4. 导线、线扎、电缆的安装注意事项

导线、线扎、电缆的布线方式及安装质量，直接影响电子、电气产品的特性和可靠性。在布线和安装时注意事项如下。

（1）线扎、电缆的敷设走向合理，便于零件、部件、整件和整机（系统）的装配、检查、调整和维修。

（2）导线布线方式直接影响产品性能，应注意以下几点。

1）以最短距离布线，以减小线路损耗并降低分布参数影响，这是消除交流声、噪声的重要手段。同是连线要宽松，以免拉动导线时把力加在导线端头，使之脱落，这也是为了便于组装、调整、维修时检查、移动导线方便。

2）沿线路板地线附近走线，以减小噪声干扰，同时便于导线的固定。

3）交流电源线和信号线不要平行走线，以免交流电源交流声通过导线间静电电容进入信号电路。

4）接地点尽可能集中在一起，以保持它们具有相同的电位。

5）连线时不要形成环路，以免产生感应电流。

（3）导线、线扎、电缆一般不应与印制电路板组装件的元器件及零部件、整件相接触，如遇无法避免的特殊情况，应采取防护措施。

（4）对产品的关键接点允许采用双线双点连接，以保证可靠性要求。

（5）导线、线扎、电缆在安装中应避免与零部件的棱角、边相接触。当穿过底板、外壳或屏蔽罩孔时，应采取适当措施加以保护，如加橡胶绝缘套管或塑料绝缘套等。

（6）对带有屏蔽的线扎、电缆应在有可能造成短路部位采取绝缘措施。

（7）线扎、电缆应可靠地固定在相邻结构上，固定的金属卡应加绝缘垫或采用塑料绝缘卡。

（8）线扎、电缆需弯曲时，其内弯曲半径不得小于线扎、电缆直径的 2 倍，高频电缆内弯曲半径不得小于直径的 5 倍。在电连接器罩处弯曲时，其内弯半径一般不得小于线扎、电缆直径的 5 倍。

（9）高频导线及电缆的敷设路径应尽可能短。载高频电流的无屏蔽导线相交时应尽量成90°相交角。必须平行敷设时应采取必要的屏蔽措施。

（10）导线线扎、电缆靠近高温热源时，应采用耐高温导线和电缆，并采取必要的隔热措施。

（11）含硫的橡胶导线安装时应避开银制零件和镀银件，以免使银　腐蚀。

（12）在安装接地搭接线时，应将搭接表面打磨出金属光泽，其打磨范围应为搭接片直径的 1.2～1.5 倍。安装后按要求测量接触电阻，经检验合格后，对打磨区域进行防护性处理。

4.2.5　印制电路板的焊前检查和修复

1. 印制电路板的检查

印制电路板在插装元器件之前，一定要检查其可焊性。要求板面清洁干净，无氧化发黑和脏污。无断线或印制导线粘连等缺陷。

2. 印制导线的修复（仅适用于电子组装实训或电子设备维修）

在电子组件板组装实训或在电子设备维修中，由于焊接技术的不熟练等原因，将造成印制电路板铜箔翘起、铜箔断裂、焊盘脱落等现象。如在要求很高的新产品生产过程应作报废处理。而在试制过程或业余制作及维修过程中，可进行修复。修复方法如下。

（1）搭接法。对已断裂的铜箔可采用搭接法进行修复，具体方法如下。

1）将断裂的铜箔部分表面的阻焊剂和涂覆层清除干净，

2）清除范围距断裂处端各 5～8mm。

3）加助焊剂后立即给这些部位铜箔镀一层焊锡。

4）取一定长度的镀锡导线，将其焊接在已镀锡的铜箔上。若断裂缝较窄，可直接用焊锡点搭接即可。

5）将焊接处的焊剂清理干净。

（2）跨接法。对已断裂的铜箔或焊盘的修复也可用跨接法，本法对焊盘脱落的修复尤为适用具体方法是：

1）先找好两个跨接点（以距离最短的两元器件引线为最佳点），如果是焊盘脱落，此焊盘的元器引线脚就作为一个跨接点。

2）将选定的跨接点进行清理并上锡。

3）取一段略大于两跨接点距离绝缘导线两头进行剥头、上锡处理。

4）将导线锡焊于跨接点上。

4.2.6　元器件插装后的引脚处理

元器件插到印制电路板上后，其引线穿过焊盘应保留一定的长度，一般为 1～2mm 并与焊盘进行锡焊。为满足各种焊接机械强度的需要，一般对引脚可采用三种处理方式，第一种为直插形式，这种形式机械强度较小，但拆焊方便。第二种为半打弯式，将引脚相对印制板弯成 45°角左右，这种形式具有一定的机械强度。第三种为完全打弯，将引脚相对印制板弯成 90°角左右，这种形式具有很高的机械强度，但将来拆焊比较困难。采用这种形式时要注意焊盘中引线弯曲方向。一般情况下，应沿着铜箔印制导线方向弯曲。如仅有焊盘而无印制导线时，可朝距印制导线线条远的方向打弯。

1. 手工插件工业焊接组装流程

做好印制电路板组装元器件的准备工作，包括以下内容。

　　元器件引线成形：为了保证波峰焊焊接质量，元器件插装前必须进行引线整形。如前述图 4-2 所示。

　　印制电路板　孔：质量比较大的电子元器件要用铜　钉在印制电路板上的插装孔加固，防止元器件插装、焊接后，因振动等原因而发生焊盘剥脱损坏现象。

　　装散热片：大功率的三极管、功放集成电路等是需要散热的元器件，要预先做好散热片的装配准备工作。

　　印制电路板贴胶带纸：为防止波峰焊将不焊接元器件的焊盘孔　塞，在元器件插装前，应先用胶带纸将这些焊盘孔贴住。

　　因为电子元器件种类繁多，结构不同，引出线也多种多样，所以必须根据产品的要求、印制电路板的电路结构、装配密度、使用方法以及元器件的特点，采取不同插装形式和工艺方法来插装元器件，才能获得良好的效果。

　　电子产品的部件装配中，印制电路板装配元器件的数量多、工作量大，因此电子整机厂的产品在大批量、大规模生产时都采用流水线进行印制电路板组装，以提高装配效率和质量。

　　插件流水线作业是把印制电路板组装的整体装配分解为若干工序的简单装配，每道工序固定插装一定数量的元器件，使操作过程大大简化。印制电路板的插件流水线分为自由节拍和强制节拍两种形式。

　　自由节拍形式是操作者按规定进行人工插装完成后，将印制电路板在流水线上传送到下一道工序，即由操作者控制流水线的节拍。每个工序插装元器件的时间限制不够严格，生产效率低。强制节拍形式是要求每个操作者必须在规定时间范围内把所要插装的元器件准确无误地插到印制电路板上，插件板在流水线上连续运行。

　　强制节拍形式带有一定的强制性，生产中以链带匀速传送的流水线属于该种形式的流水线。一条流水线设置工序数的多少，由产品的复杂程度、生产量、工人技能水平等因素决定。在分配每道工序的工作量时，应留有适当的余量，以保证插件质量，每道工序插装 10～15 个元器件。

　　元器件量过少势必增加工序数，即增加操作人员，不能充分发挥流水线的插件效率；元器件量过多又容易发生漏插、错插事故，降低插件质量。在划分过程中，应注意每道工序的时间要基本相等，确保流水线均匀移动。

　　印制电路板上插装元器件有两种方法：按元器件的类型、规格插装元器件和按电路流向分区块插装各种规格的元器件。前一种方法因元器件的品种、规格　于单一，不易插错，但插装范围广、速度慢；后一种方法的插装范围小，工人易熟悉电路的插装位置，插件差错率低，常用于大批量、多品种且产品更换频繁的生产线。手工插件工业焊接组装流程如图 4-12 所示。

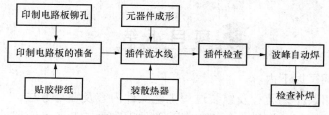

图 4-12　手工插件流程图

2. 自动插装工业焊接流程

为了提高元器件插装速度、改善插件质量、减轻操作人员的劳动强度、提高生产效率和产品质量，印制电路板的组装流水线采用自动装配机。

    自动插装和手工插装的过程基本相同，都是将元器件逐一插入印制电路板上，大部分元器件由自动装配机完成插装，在自动插装后一般仍需手工插装不能自动插装的元器件。

    自动装配对设备要求高，一般用于自动插装的元器件的外形和尺寸要求尽量简单一致，方向易于识别（如电阻器、电容器和跳线等），并对元器件的供料形式有一定的限制。自动插装过程中，印制电路板的传递、插装、检测等工序，都是由计算机按程序进行控制的。自动插装工业焊接流程如图 4-13 所示。

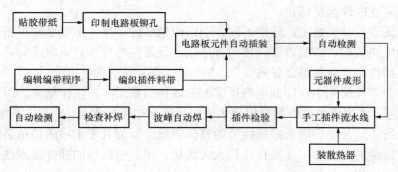

图 4-13　电路板元件自动插装流程图

    印制电路板插装元器件后，元器件的引线穿过焊盘应保留一定长度，一般应多于 2mm。为使元器件在焊接过程中不浮起和脱落且便于拆焊，引线弯的角度最好为 45°～60°，如图 4-14 所示。

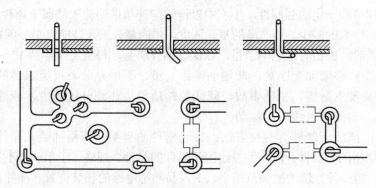

图 4-14　插件引脚弯曲示意图

项 目 小 结

本项目主要介绍了以下内容。

（1）电子产品组装工艺流程及组装过程工艺文件内容及编写方法。

（2）电子产品装配工艺概述，包括电子元器件引脚加工及各类元器件的安装形式。

（3）电子元器件安装前的预处理、连接导线端头的加工工艺、印制板的检测及缺陷处理方法及元器件焊接后引脚的处理方法。

项 目 训 练

（1）结合训练项目 5 中不同电子产品组装过程，训练掌握关于各类电子元器件的安装形式；掌握各类电子元器件引脚的加工模式。

（2）结合训练项目 5 中不同电子产品组装过程，训练学会一般电子产品组装的工艺流程及简单工艺文件的编写。

（3）结合训练项目 5 中不同电子产品组装过程，训练掌握一般电子产品组装所涉及的基本装配方法。

训练项目 5 电子产品安装与调试实践

任务 5.1 直 流 可 调 稳 压 电 源

5.1.1 直流稳压电源组装实践的目的与意义

直流稳压电源电路是学习电子电路的基础内容，也是我们进入神奇电子世界的起点。通过直流稳压电源的制作，可使同学们学习巩固由二极管单向导电特性构成的各类整流滤波电路的工程应用；学习巩固各类稳压电路特性及工程应用；学习小型电子产品的组装工艺过程及方法，掌握组装工具的使用及测量仪表的使用方法。

在业余条件下进行电子制作或维修，拥有一个可调节输出电压的稳压电源是非常有用的，这款用 LM317 制作的可调稳压电源，输出电压范围为 3～12V，最大输电流为 500mA，这些参数对于业余制作中的调试用电源基本能满足要求，是非常实用的。

5.1.2 电路工作原理

直流可调稳压电源系统框图如图 5-1 所示，主要由整流电路和稳压电路两部分组成，稳压电路接在整流电路和负载之间，采用了三端可调稳压集成电路 LM317 作为主芯片，使得该稳压电源的电路非常简单。

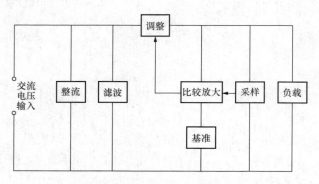

图 5-1 电路原理框图

LM317 是可调稳压电源中非常好的一种稳压器件，使用也非常方便。LM317 是美国国家半导体公司的三端可调正稳压器集成电路。很早以前我国和世界各大集成电路生产商就有同类产品可供选用，是使用极为广泛的一类串联集成稳压器。LM317 的输出电压范围是 1.25～37V（本电路设计输出电压范围是 1.25～12V），负载电流最大为 1.5A（本电路设计最大输电流为 500mA）。它的使用非常简单，仅需两个外接电阻来设置输出电压。此外它的线性率和负载率也比标准的固定稳压器好。LM317 内置有过载保护、安全区保护等多种保护电路。通常 LM317 不需要外接电容，除非输入滤波电容到 LM317 输入端的连线超过 6 英寸（约 15 厘米）。使用输出电容能改变瞬态响应。调整端使用滤波电容能得到比标准三端稳压器高得多的纹波抑制比。LM317 有许多特殊的用法，比如把调整端悬浮到一个较高的电压上，可以用来调节高达数百伏的电压，只要输入输出压差不超过 LM317 的极限就行。当然还要避免输出端短路。还可以把调整端接到一个可编程电压上，实现可编程的电源输出。

这块芯片的典型应用及引脚分布图如图 5-2 和图 5-3 所示。输出电压与电阻的关系为：
$U_o = 1.25(1 + R_2/R_1)$。

从以上公式不难看出，当改变 R_2 的阻值时，就可以得到不同的输出电压值。

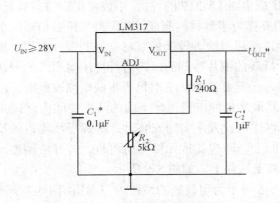

图 5-2　LM317 典型应用电路图

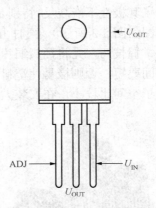

图 5-3　LM317 引脚分布图

仅仅从公式本身看，R_1、R_2 的电阻值可以随意设定。然而作为稳压电源的输出电压计算公式，R_1 和 R_2 的阻值是不能随意设定的。LM317 稳压块的输出电压变化范围是 $U_o = 1.25\sim 37V$（高输出电压的 LM317 稳压块如 LM317HVA、LM317HVK 等，其输出电压变化范围是 $U_o = 1.25\sim 45V$），所以 R_2/R_1 的比值范围只能是 $0\sim 28.6$。

图 5-4 所示为需装接的可调直流稳压电源电路原理图。交流市电经变压整流滤波后，输出电压为 16V 左右，经整流和滤波后加在三端稳压集成电路的输入端，调节控制端的电阻器，就能改变 LM317ADJ 控制端的对地电压值，从而在输出端得到不同的电压输出。LED 作为电源指示灯使用，通过调节 LM317 控制端的电压值，可使输出端输出不同的电压值，从而实现可调稳压输出。在输出端该稳压电源还接有极性转换输出开关，通过选择，可使输出端得到正负相反的电压极性。

图 5-4 所示为可调直流稳压电源电路原理图。

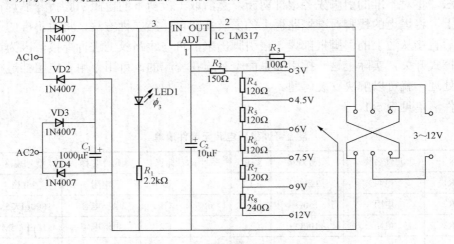

图 5-4　可调直流稳压电路原理图

5.1.3　安装与调试

电路中，除电解电容器采用横向安装外，所有电阻、二极管和发光二极管均采用立式安装。所有元件按要求用手工焊接方法将其焊接在印制板上，注意焊接顺序及焊接的时间，防止损坏元件，只要焊接无误一般都能正常工作。在装插二极管、发光二极管电解电容器时，一定注意其极性不能接反，特别是三端稳压集成电路 LM317 的焊接，不能将引脚方向焊反（引脚分布图如图 5-3 所示），同时由于该产品的外壳为塑料材料制成，在焊接变压器电源端引线时必须掌握技巧，先将插头铜片用刀刮开净，然后用松香等助焊剂将刮好的铜片上锡，操作过程时间要短，否则极易使塑料熔化，待上好锡的铜片冷却后，再进行变压器引线的焊接。由于盒子空间比较小，在安装大体积元件时，一定要注意。三端稳压集成电路安装时，应斜

放，让其最高处伸出变压器下面的凸出空间内，1000μF 滤波电容体积较大，实际安装时，应焊于线路板的反面即焊接面上，即与其他元件背向而装，焊好后横放，否则盒子将无法盖上，如图 5-5 所示。

图 5-6 所示为组装好的线路板正面图，图 5-7 所示为制作好的实物照片图。

5.1.4　注意事项

这里需要特别说明一下，LM317 由于尺寸比较高，实际制作时须按图 5-5、图 5-6 所示的角度进行布局，否则容易顶住塑料外壳。

图 5-5　电解电容与 LM317 的装法

将变压器及电路板装于塑料盒中，将电源指示发光二极管从外壳的孔中穿出并固定好（由于是塑料外壳，制作过程中可能会因操作者在焊接变压器引线时间过长而变型，造成安装孔位稍有偏移，组装时须引起注意）。这样，一个直流可调稳压电源就组装完成了，有了这个电源，在以后的电子制作和电子电路维修中就会提供许多方便。

特别说明：本制作在安装中发现，厂家提供的电压转换开关，有两种规格，可能与 PCB 板上的安装孔不能对应而无法直接插入，如出现这种情况，可以用下面讲述的方法进行处理：第一种方法，将对不准的引脚先齐根部剪断，然后取一段剪下的电阻引脚折弯后焊在刚才剪断的引脚上，将焊上的线脚对准线路板上的安装孔即可；第二种方法，将对不准的引脚齐根剪断，然后直接从边上的引脚根部焊一根引脚出来，再与线路板上进行焊接，因为这个开关是单刀多掷式开关，实际上这一排引脚里面全是连在一起的，可用万用表电阻挡进行测量。经过以上处理，就可以解决安装问题。

元器件清单见表 5-1。

表 5-1　　　　　　　　　　　　直流可调稳压电源元器件清单

序号	标识	元件名称	型号规格	数量	序号	标识	元件名称	型号规格	数量
1	R1	电阻	2.2kΩ	1	5	R8	电阻	240Ω	1
2	R2	电阻	150Ω	1	6	C1	电解电容	1000μF/25V	1
3	R3	电阻	100Ω	1	7	C2	电解电容	10μF/25V	1
4	R4~R7	电阻	120Ω	4	8	VD1~R4	二极管	1N4007	4

续表

序号	标识	元件名称	型号规格	数量	序号	标识	元件名称	型号规格	数量
9	LED	发光管	φ3 红	1	15	—	标签贴纸	—	1
10	IC	集成电路	LM317	1	16	—	线路板	—	1
11	—	变压器	220/12	1	17	—	自攻螺丝	φ3×14	2
12	—	转换开关		1	18	—	自攻螺丝	φ2.6×6	1
13	—	十字线		1	19	—	说明书	—	1
14	—	外壳		1	20	—	塑料袋	—	1

图 5-6 焊接好的电路板

图 5-7 稳压电源成品图

任务 5.2 MF47 型指针式万用表制作

5.2.1 万用表组装实践的目的与意义

万用表是最常用的电工仪表之一，通过这次组装实践，学生应该在了解其基本工作原理（实际上是电阻串并联演化的分压分流电路的典型应用）的基础上学会安装、调试、使用，并学会排除一些万用表的常见故障。

手工锡焊技术是电子类专业学生必须掌握的基本技能之一，通过实践要求大家在初步掌握这一技术的同时，注意培养自己在工作中耐心细致，一丝不苟的工作作风。

通过组装实践要求学生学会使用一些常用的电工工具及仪表的使用与操作，并且要求学生掌握一些常用开关电器的工作原理及使用方法。认识一些常用的电子元器件的外形及结构特点，为后续课程的学习打下一定的基础。

通过组装实践还应该让学生了解一些基本的机械原理及机械结构的配合，学会一些简单机械单元结构的装配技能。

5.2.2 指针式万用表结构组成

万用表是一种多功能、多量程的便携式电工仪表，一般的万用表可以测量直流电流、交直流电压和电阻，有些万用表还可测量电容、晶体管共射极直流放大系数 h_{FE} 等。MF47 型万用表具有 26 个基本量程和电平、电容、电感、晶体管直流参数等 7 个附加参考量程，是一种量限多、分挡细、灵敏度高、体形轻巧、性能稳定、过载保护可靠、读数清晰、使用方便的新型万用表。

　　指针式万用表的型式很多，但基本结构是类似的。指针式万用表的结构主要由表头、挡位转换开关、测量线路板、面板等组成。

　　从功能上看，万用表由机械部分、显示部分、与电器部分三大部分组成，机械部分由外壳、挡位开关旋钮及电刷等部分组成，显示部分是表头，电器部分由测量线路板、电位器、电阻、二极管、电容等部分组成，如图 5-8 所示。

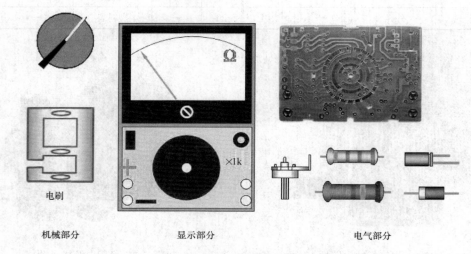

　　　　机械部分　　　　　　　　　　显示部分　　　　　　　　　　电气部分

图 5-8　万用表的组成

　　表头是万用表的测量显示装置，指针式万用表采用控制显示面板＋表头一体化结构；挡位开关用来选择被测电量的种类和量程；测量线路板将不同性质和大小的被测电量转换为表头所能接受的直流电流。万用表可以测量直流电流、直流电压、交流电压和电阻等多种电量。当转换开关拨到直流电流挡，可分别与 5 个接触点接通，用于测量 500、50、5mA 和 500μA、50μA 量程的直流电流。同样，当转换开关拨到欧姆挡，可分别测量×1Ω、×10Ω、×100Ω、×1kΩ、×10kΩ 量程的电阻；当转换开关拨到直流电压挡，可分别测量 0.25、1、2.5、10、50、250、500、1000V 量程的直流电压；当转换开关拨到交流电压挡，可分别测量 10、50、250、500、1000V 量程的交流电压。

5.2.3　原理介绍

　　我们准备安装的 MF47 型万用表的原理图如图 5-9 所示。电路的测量核心为一款 46.2μA 的高精度指针表头，经过电阻电路组成的附属电路的处理，完成对电流、电压、电阻等电气参数的测量。

　　从图中可以看出，它的显示表头是一个直流 μA 表，WH2 是电位器用于调节表头回路中的电流大小，VD3、VD4 两个二极管反向并联并与电容并联，用于保护限制表头两端的电压起保护表头的作用，使表头不至电压、电流过大而烧坏。电阻挡分为×1Ω、×10Ω、×100Ω、×1kΩ、×10kΩ、几个量程，当转换开关打到某一个量程时，与某一个电阻形成回路，使表头指针偏转，测出阻值的大小。它由 5 个部分组成，分别是公共显示部分、保护电路部分、直流电流部分、直流电压部分、交流电压部分和电阻部分。线路板上每个挡位的分布为：上面为交流电压挡，左边为直流电压挡，下面为直流 mA 挡，右边是电阻挡。

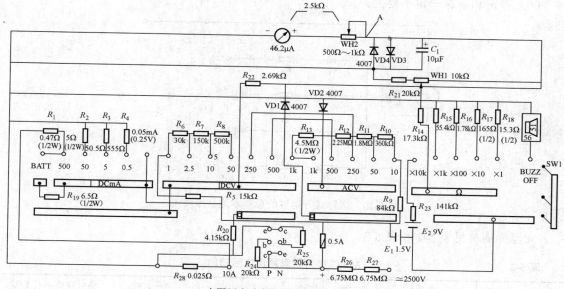

本图纸中功率未注明者为 1/4W。

图 5-9　MF47 型万用表电路原理图

　　把图 5-9 所示的 MF47 万用表电原理图化简成如图 5-10 所示的指针式万用表最基本的工作原理图。从图 5-9 中可以看出，它由表头、电阻测量挡、电流测量挡、直流电压测量挡和交流电压测量挡几个部分组成，图 5-9 中"−"为黑表棒插孔，"+"为红表棒插孔。

　　（1）当测量电压和电流时，由于外部电路有电流通入表头，因此不需内接电池。

　　（2）当把挡位开关旋钮 SA 打到交流电压挡时，通过二极管 VD 整流，电阻 R3 限流，由表头显示出来。

　　（3）当打到直流电压挡时不需二极管整流，仅需电阻 R2 限流，表头即可显示。

　　（4）当打到直流电流挡时既不需二极管整流，也不需电阻 R2 限流，表头即可显示。

　　（5）在测量电阻时将转换开关 SA 拨到"Ω"挡，这时外部没有电流通入，因此必须使用内部电池作为电源，设外接的被测电阻为 Rx，表内的总电阻为 R，形成的电流为 I，由 Rx、电池 E、可调电位器 RP、固定电阻 R1 和表头部分组成闭合电路，形成的电流 I 使表头的指针偏转。红表棒与电池的负极相连，通过电池的正极与电位器 RP 及固定电阻 R1 相连，经过表头接到黑表棒与被测电阻 Rx 形成回路产生电流使表头显示。

5.2.4　制作步骤

1. 元器件清点与检测

参考材料配套清单来清点材料，并注意以下几点。

　　（1）按材料清单一一对应，记清每个元件的名称与外形。

　　（2）打开时请小心，不要将塑料袋撕破，以免材料丢失。

　　（3）清点材料时请将表箱后盖当容器，将所有的东西都放在里面。

　　（4）清点完后请将材料放回塑料袋备用。

（5）暂时不用的请放在塑料袋里。

（6）弹簧和钢珠一定不要丢失。

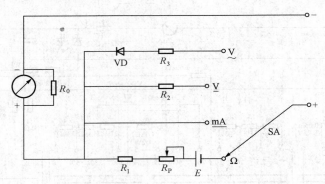

图 5-10　指针式万用表的最基本测量原理图

元器件清单见表 5-2 和表 5-3。

表 5-2　　　　　　　　　　　　　　MF47 型万用表所用电阻清单

序号	标识	元件名称	型号规格	数量	序号	标识	元件名称	型号规格	数量
1	R1	电阻	0.47Ω	1	15	R15	电阻	55.4kΩ	1
2	R2	电阻	5Ω	1	16	R16	电阻	1.78kΩ	1
3	R3	电阻	50.5Ω	1	17	R17	电阻	165Ω	1
4	R4	电阻	555Ω	1	18	R18	电阻	15.3Ω	1
5	R5	电阻	15kΩ	1	19	R19	电阻	6.5Ω	1
6	R6	电阻	30kΩ	1	20	R20	电阻	4.15kΩ	1
7	R7	电阻	150kΩ	1	21	R21	电阻	20kΩ	1
8	R8	电阻	800kΩ	1	22	R22	电阻	2.69kΩ	1
9	R9	电阻	84kΩ	1	23	R23	电阻	141kΩ	1
10	R10	电阻	360kΩ	1	24	R24	电阻	20kΩ	1
11	R11	电阻	1.8MΩ	1	25	R25	电阻	20kΩ	1
12	R12	电阻	2.25MΩ	1	26	R26	电阻	6.75MΩ	1
13	R13	电阻	4.5MΩ	1	27	R27	电阻	6.75MΩ	1
14	R14	电阻	17.3kΩ	1	28	R28	电阻	0.025Ω	1

表 5-3　　　　　　　　　　　　　　MF47 型万用表其他元器件清单

序号	标识	元件名称	型号规格	数量	序号	标识	元件名称	型号规格	数量
1	WH1	电位器	10kΩ	1	5	—	保险管	1A	1
2	WH2	电位器	1kΩ	1	6	—	保险夹	—	2
3	VD1~VD4	二极管	1N4007	4	7	—	线路板	—	1
4	C1	电容器	10μF	1	8	—	连接线	长线	4

续表

序号	标识	元件名，	型号规格	数量	序号	标识	元件名称	型号规格	数量
9	J1	短接线	—	1	17	—	螺钉	M3×12	2
10	—	面板表头	—	1	18	—	电池夹	—	4
11	—	档位旋钮	—	1	19	—	输入插管	—	4
12	—	电刷旋钮	—	1	20	—	V形电刷	—	1
13	—	弹簧钢珠	—	1	21	—	晶体管插片	—	6
14	—	电位器钮	—	1	22	—	挡位牌	—	1
15	—	后盖	—	1	23	—	表棒	—	2
16	—	晶体管插座	—	1	24	—	使用说明书	—	1

2. 制作工艺过程

（1）器件准备。

1）清除元件表面的氧化层。元件经过长期存放，会在元件表面形成氧化层，不但使元件难以焊接，而且影响焊接质量，因此当元件表面存在氧化层时，应首先清除元件表面的氧化层。清除时注意用力不能过猛，以免使元件引脚受伤或折断。

目前使用的"新鲜"电子元器件引脚表面已经镀锡处理过，因此不必进行处理。

若确需清除，清除方法是：左手捏住电阻或其他元件的本体，右手用锯条或小刀轻刮元件引脚的表面，左手慢慢地转动，直到表面氧化层全部去除。清除后应马上作镀锡处理。

电池夹表面由于镀层影响不易焊接，为了使电池夹易于焊接要用尖嘴钳前端的齿口部分将电池夹的焊接点锉毛，去除镀层。

本次实训提供的元器件无氧化层不用去处理，如果发现不易焊接，就必须先去除氧化层。

2）元件引脚的弯制成形。左手用镊子紧靠电阻的本体，夹紧元件的引脚，使引脚的弯折处，距离元件的本体有两毫米以上的间隙。左手夹紧镊子，右手食指将引脚弯成直角。引脚之间的距离，根据线路板孔距而定，引脚修剪后的长度大约为 8mm，如果孔距较小，元件较大，应将引脚往回弯折成阶梯形。电容的引脚可以弯成直角，将电容横向安装。二极管可以水平安装，为了将二极管的引脚弯成美观的圆形，应用螺丝刀辅助弯制，将螺丝刀紧靠二极管引脚的根部，十字交叉，左手捏紧交叉点，右手食指将引脚向下弯，直到两引脚平行。

（2）元器件安装。制作者只要按说明书中所标的元件参数，对照电路板上的标识符号进行安装，但有些地方在安装时需注意，下面就将在安装时出现的问题进行说明，以供同学们进行参考。

1）电阻的安装。本套件的线路板上元件安装面都有符号进行标注，只要正确读取每个电阻的值，就可以顺利完成电阻的对应安装，由于万用表中使用的电阻绝大多数为色环电阻，而且它们并非全部为标称系列阻值，所以实际在学生进行安装时，错得最多的就是不能准确读出色环电阻的阻值，结果无法找到相应的元件，对于这种情况，建议制作者找一个数字万用表对准备安装的电阻进行测量，然后再找准位置进行安装。最好的方法是：先把所有的电阻全部对号入座，因为元件包中每个元件都只有一个，一旦装错电阻，肯定好几个元件都会错误，当把所有元件全部插好后，便可以检查是否有错插现象，若有，只需拔下来换一下便可，等全部电阻无误后，再进行焊接，这样不容易出错。

这里有一个电阻焊接时需注意，即 R_{28}，实际是一根铜线，很多人在制作时都说找不到 R_{28}，因此这里特别说明一下。

2）电位器的安装。电位器要装在线路板的焊接面（绿面），不能装在元件面（黄色面）。电位器安装时，两个粗的引脚主要用于固定电位器。安装时应捏住电位器的外壳，平稳地插入，不应使某一个引脚受力过大。不能捏住电位器的引脚安装，以免损坏电位器。

3）输入插管的安装。输入插管也装在绿面，是将来用以插表棒的，因此一定要焊接牢固。将其插入线路板中，用尖嘴钳在元件面轻轻捏紧，将其固定，一定要注意垂直，然后将两个固定点焊接牢固。

4）晶体管插座的安装。晶体管插座也装在线路板焊接面，在焊接面的左上角有 6 个椭圆形焊盘，中间有两个小孔，用于晶体管插座的定位，将其放入小孔中检查是否合适，如果小孔直径小于定位突起物，应用锥子稍微将孔扩大，使定位突起物能够插入。先将金属插片插入晶体管塑料插座中，检查是否松动，将其伸出部分折平。然后将装好插片的晶体管插座装在线路板上（安装时一定要注意方向），定位后检查是否垂直，并将 6 个椭圆的焊盘焊接牢固。

图 5-11　表笔、晶体管插孔及调零电位器的装插

这里特别提示，四个输入插装（表棒插座）、一个调整电位器和一个晶体管插座必须是装于焊接面（绿油面），这一点在制安装时一定要注意。安装完成后焊接面如图 5-11 所示。

需要特别说明的是，在焊接表针插座等面积较大的元件时，最好选用 35W 的电烙铁，否则功率太小的话，非常容易造成虚焊。

焊接时的注意事项如下。

a）在拿起线路板的时候，最好戴上手套或者用两指捏住线路板的边缘。不要直接用手抓线路板两面有铜箔的部分，防止手汗等污渍腐蚀线路板上的铜箔而导致线路板漏电。

b）电路板焊接完毕后，用橡皮将三圈导电环上的松香、汗渍等残留物擦干净。否则易造成接触不良。焊接时一定要注意电刷轨道上一定不能黏上锡，否则会严重影响电刷的运转，为了防止电刷轨道黏锡，切忌用烙铁运载焊锡。由于焊接过程中有时会产生气泡，使焊锡飞溅到电刷轨道上，为保险起见可用一张圆形厚纸垫在线路板上。

c）每一个焊点加热的时间不能过长，否则会使焊盘脱开或脱离线路板。对焊点进行修整时，要让焊点有一定的冷却时间，否则不但会使焊盘脱开或脱离线路板，而且会使元器件温度过高而损坏。

（3）机械部分的安装与调整。

1）提把的旋转方法。将后盖两面侧的提把柄轻轻外拉，使提把柄上的星形定位扣露出后盖两侧的星形孔。将提把向下旋转 90°，使星形定位扣的角与后盖两侧星形孔的角相对应，再把提把柄上的星形定位扣推入后盖两侧的星形孔中。

2）电刷旋钮的安装。取出弹簧和钢珠，并将其放入凡士林油中，使其粘满凡士林。加油有两个作用：一是可使电刷旋钮润滑，旋转灵活；二是起黏附作用，将弹簧和钢珠黏附在电刷旋钮上，防止其掉落丢失。将加上润滑油的弹簧放入电刷旋钮的小孔中，钢珠黏附在弹簧的上方，注意切勿丢失。安装示意图如图 5-12 所示。

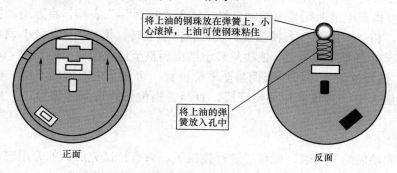

将上油的钢珠放在弹簧上，小心滚掉，上油可使钢珠粘住

将上油的弹簧放入孔中

正面　　　　　　　　　　　　　　　　　　　反面

图 5-12　弹簧钢珠、电刷安装示意图

　　观察面板背面的电刷旋钮安装部位，它有 3 个电刷旋钮固定卡、2 个电刷旋钮定位弧、1个钢珠安装槽和 1 个花瓣形钢珠滚动槽组成。

　　将电刷旋钮平放在面板上，注意电刷放置的方向。用起子轻轻顶，使钢珠卡入花瓣槽内，小心滚掉，然后手指均匀用力将电刷旋钮卡入固定卡。

　　将面板翻到正面，挡位开关旋钮轻轻套在从圆孔中伸出的小手柄上，慢慢转动旋钮，检查电刷旋钮是否安装正确，应能听到"咔嗒"、"咔嗒"的定位声，如果听不到则可能钢珠丢失或掉进电刷旋钮与面板间的缝隙，这时挡位开关无法定位，应拆除重装。

　　将挡位开关旋钮轻轻取下，用手轻轻顶小孔中的手柄，同时反面用手依次轻轻扳动三个定位卡，注意用力一定要轻且均匀，否则会把定位卡扳断。小心钢珠不能滚掉。

　　3）挡位开关旋钮的安装。电刷旋钮安装正确后，将它转到电刷安装卡向上位置，将挡位开关旋钮白线向上套在正面电刷旋钮的小手柄上，向下压紧即可。如果白线与电刷安装卡方向相反，必须拆下重装。拆除时用平口起子对称地轻轻撬动，依次按左、右、上、下的顺序，将其撬下。注意用力要轻且对称，否则容易撬坏。

　　4）电刷的安装。将电刷旋钮的电刷安装卡转向朝上，V 形电刷有一个缺口，应该放在左下角，因为线路板的 3 条电刷轨道中间 2 条间隙较小，外侧 2 条间隙较大，与电刷相对应，当缺口在左下角时电刷接触点上面 2 个相距较远，下面 2 个相距较近，一定不能放错。电刷四周都要卡入电刷安装槽内，用手轻轻按，看是否有弹性并能自动复位。

　　如果电刷安装的方向不对，3 个电刷触点均无法与轨道正常接触，电刷在转动过程中与外侧两圈轨道中的焊点相刮，会使电刷很快折断，使电刷损坏，将使万用表失效或损坏。

5.2.5　MF47 指针式万用表的调试

1. 检查

　　装配完线路板后，请仔细对照该型号图纸，检查元件焊接部位是否有错漏焊。对于初学焊接者来说，还需检查焊点是否有虚焊、连焊现象，可用镊子轻轻拨动零件，检查是否松动。检查完线路板后，即可按万用表装配要求进行总装。

　　装配完成后，旋转挡位开关旋钮一周，检查手感是否灵活。如有阻滞感，应查明原因后加以排除。然后可重新拆下线路板检查线路板上电刷（刀位）银条（分段圆弧，位于线路板中央），电刷（刀位）银条上应留下清晰的划痕，如出现痕迹不清晰或电刷银条上无划痕等现象，应检查电刷与线路板上的电刷银条是否接触良好或装错装反。直至挡位开关旋钮旋转时手感良好后，方可进入下一阶段工作。

装上电池并检查电池两端是否接触良好。插入"＋"、"－"表棒，将万用表挡位旋钮旋至 Ω 挡最小挡位，将"＋"、"－"表棒搭接，表针应向右偏转。调整 0Ω、ADJ 调零旋钮，表针应可以准确指示在 Ω 挡零位位置。依次从最小挡位调整至最大挡位（$R×1 \sim R×100k$），每挡均应能调整至 Ω 挡零位位置。如不能调整至零位位置，可能是电池性能不良（更换新电池）或电池电刷接触不良。再重复相关步骤后，直至各挡位均能调到零位为止，然后将进入调校阶段。

2．调校

基本装配成功后的万用表，就可以进行校试了。只有校试完成后的万用表才可以准确测量使用。工厂中一般均用专业仪表校准仪校试，这样便于大规模生产，产品参数也比较统一。在业余情况下进行准确地校试是每一个制作者完成装配后的第一心愿。下面介绍在没有专业仪器的情况下，准确校试万用表的几种方法。

（1）业余校试万用表需准备下列设备。

1）3 位半以上数字万用表 1 块。

2）直流稳压电源 1 台。

3）交流调压器 1 台（也可选用多抽头交流变压器 1 只）。

（2）基准挡位校试。将基本装配完成的万用表与数字万用表串联，并将挡位开关旋转至直流电流挡（DCmA）最小挡。将数字万用表旋至直流电流挡，如 200μA 挡。被测万用表水平放置，未测试前应检查万用表指针是否在机械零位上。如有偏移，应调整表头下方机械调零器至机械零位，一般情况下此装置不需经常调整。调整电位器 R_w 使数字万用表显示 50μA（或 100μA 根据型号）检查被测万用表是否指示满度值。正负误差不超过 1 格。如超出范围应调整 WH2 电阻，直至合格为止。如不能调整至合格范围，应检查是否有错装、漏焊等现象。基准挡位校试接线如图 5-13 所示。

（3）直流电流挡校试（DCA）。基准挡校试完成后，可进行以下挡位的校试。直流电流挡校试可按图 5-13 校试接线图接线来进行。将直流电流挡顺序增加挡位，例如按照 50μA→500μA→5mA→50mA→500mA（不同规格万用表挡位不完全一样，但校试方法同基准挡）的顺序，此时数字表挡位也相应增加。如直流电源输出电流较小，在较大电流时，不能校至于满度。此时通过观察数字表读数和指针表读数是否相同，一般也可以保证本表精度在合格范围之内。如所用直流电流为恒流恒压直流电源时，可去除图中可调电阻 R_w 进行调试。

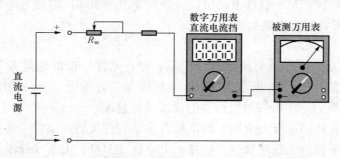

图 5-13　基准挡位、直流电流挡位校试接线示意图

（4）直流电压挡校试（DCV）。

1）直流电压挡校试方法 1。将基本装配完成的万用表与数字万用表并联，从最低电压挡开始检测，逐挡向上调整，按照 0.25V→0.5V→1V→10V→50V→250V→500V→1000V 的顺序。

最低挡应调整至满度检测。数字表此时也同样位于对应的直流电压挡上，检查方法与直流电流挡相同。电位器中流过电流的大小应根据所选用直流电源电压来调整，电流范围在 1～10mA 之间，否则会影响校试精度。接线如图 5-14 所示。此种方法中，由于直流电源电压较低，在测量高电压时指针偏转角度较小，会影响校试精度，可以采用方法 2 来校试。如采用直流稳压电源校检时，可去除图 5-14 中的可调电阻 R_w，直接调整稳压电源电压进行校试。

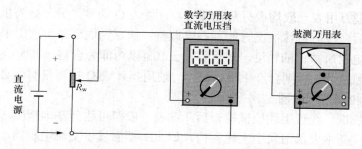

图 5-14　直流电压挡校试接线图

2）直流电压挡校试方法 2。在调校过程中缺少高电压直流电源的情况下，可用测量内阻法校试直流电压挡。每种万用表在表盘上均标有不同的灵敏度，如 DCV20k/V 或 DCV10k/V 等。首先从最小电压挡校试，如 0.25V，表盘标示灵敏度为 20k/V。那么此挡内阻一定为 20k×0.25V=5k，在此挡位时用数字万用表 Ω 挡，在测量被测表笔"+""−"端子两端，其内阻一定为 5k 左右，相应的如果在 50V 挡被测万用表内阻值为 1MΩ，依次类推。注意：大于 250V 时的灵敏度应根据标示值计算，如 1000V 表盘灵敏度标示值为 9k/V，那么被测万用表内阻此时等于 1000V×9k=9M。用此法测量只要数字万用表测出的阻值误差不超出±2.5%，校试精度均可保证。

（5）交流电压挡校试（ACV）。数字表挡位应覆盖被测万用表挡位。如被测表校试 10V 交流电压挡，数字表此时应选用 20V 挡。从最小挡位开始。按 10V→50V→250V→500V→1000V 的顺序递进校试。最小挡位应做满度校试。校试开始时，调压器一定要位于最小电压处，以免烧毁万用表。因调压器无隔离装置，测试时有触电危险，校试时必须有专业人员指导操作。如手中一时没有调压器可选用普通电源变压器（次级电压小于 10V）。校试方法同上，但在校试较高电压时，指针偏转角度过小，准确读数会有一定困难。交流电压挡校试接线如图 5-15 所示。

（6）欧姆挡校试（Ω）。首先准备一些普通电阻，阻值尽可能靠近被测表的中心值。如 47 型中心值为 16.5，就可分别选用 16Ω（R×1 挡用），160Ω（R×10 挡用），1.6k（R×100 挡用），16k（R×1k 挡用），160k（R×10k 挡用）。然后按照顺序校试即可。将电池装入万用表，同样先从最小挡位开始校试，按照 R×1 挡→R×10 挡→R×100 挡→R×1k 挡→R×10k 挡→R×100k 挡的顺序递进校试。指针万用表每更换一次挡位后，必须重新调零（0Ω ADJ 电位器）。

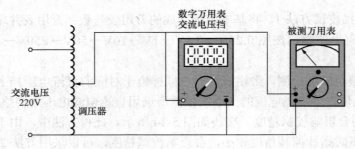

图 5-15　交流电压挡校试接线图

注意：指针型万用表一般均设有两处调零，一处为 Ω 调零，另一处为机械调零。机械零点首次校试完毕后，没有特殊情况一般不需要调整。调零完成后即可选用中心值附近电阻校验。万用表测量电阻时数值的精度一般误差在±10%以内即为合格。测量大电阻时，应避免人体同时接触电阻两端，否则会产生附加误差。使用指针表 Ω 挡测量时，必须装入电池方可使用。欧姆 Ω 挡校调连接如图 5-16 所示。

（7）其他挡校试。经过上述校试检查后，该表一般即可达到基本精度。表盘上除上述挡位之外的其他挡位基本上都附属于上述各挡。如 dB 挡附属于交流电压挡，交流电压挡校准后此挡一定在标准范围之内；晶体管 h_{FE} 挡、直流电容测量挡、蜂鸣器挡、LV/LI 挡均附属于 Ω 挡。校试完毕后，仅需检查是否有此功能，即可保证测量精度（使用方法见说明书介绍）。

组装好的 MF47 型机械式万用表成品如图 5-17 所示。

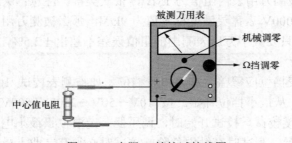

图 5-16　电阻 Ω 挡校试接线图

图 5-17　MF47 型万用表成品图

任务 5.3　声 光 控 延 时 开 关

5.3.1　声光控延时开关组装实践的目的及特点

1. 目的

通过声光控延时开关的制作，让学生巩固低频放大器的工作原理及应用；巩固单向晶闸管的工作条件及应用；巩固与非门电路的逻辑关系及工程应用。

学习小电子产品的组装工艺及方法，掌握一般电子产品的调试方法。

这里介绍的声光控节电开关，在白天或光线较亮时，节电开关呈关闭状态，灯不亮；夜间或光线较暗时，节电开关呈预备工作状态，当有人经过该开关附近时，脚步声、说话声、拍手声等都能开启节电开关。灯亮后经 45 秒左右的延时后节电开关自动关闭，灯灭。该开关适用于楼梯间、走廊、洗漱间、卫生间等公共场合，能节电并延长灯泡使用寿命。电路采用四与非门集成电路 CD4011 作为中心元件，结合外围电路，实现各项功能。

2. 该节电开关还有以下特点

（1）采用单线出入。可直接替代原手控开关，不用另接线，便于安装。

（2）声控灵敏度高。在其附近的脚步声、说话声等均可将开关启动。

（3）寿命长。该节电开关全部采用无触点元件，不用担心使用寿命。

（4）耗电省。节电开关自身耗电小于 0.5W。

（5）安装方便。节电开关采用 86 型通用电气开关盒设计。

5.3.2　工作原理

电路中的主要元器件是使用了数字集成电路 CD4011，其内部含有 4 个独立的输入与非门，使电路结构简单，工作可靠性高。CD4011 引脚分布及内部电路结构如图 5-18 所示。声光控开关电路原理图如图 5-19 所示。

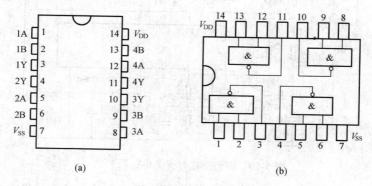

图 5-18　CD4011 集成电路资料

（a）引脚分布图；（b）内部结构图

交流 220V 电压经灯泡 ZD 后，由 VD1～VD4 组成的整流桥整流，电阻 R1、R6 分压，电容 C2 滤波后，在其两端产生 12V 左右的直流电压，给控制电路供电。

在光线较亮时，光敏电阻（RG）的阻值较低（在路测约 1.2kΩ），R5 与 RG 的分压使集成块 IC（CD4011）的 1 脚呈低电平，此时不管三极管 VT 处于何状态，使 IC 的 3 脚输出高电平，IC 的 4 脚输出低电平，二极管 VD5 没有偏置而截止，C3 两端电压为零。这时可使 IC 的 10 脚输出高电平，使 IC 的 11 脚输出低电平，可控硅 MCR 因没有触发信号而截止，灯泡 2D 不亮。

在晚上光线较暗时，光敏电阻的阻值变大使集成块 IC 的 1 脚呈高电平；当话筒 BM 没有声音输入，因三极管基极有电阻 R4 提供偏置使 VT 处于饱和导通状态，其 c 极为低电平，使 IC 的 3 脚输出高电平，IC 的 4 脚输出低电平，二极管 VD5 没有偏置而截止，C3 两端电压为零。IC 的 10 脚输出高电平，使 IC 的 11 脚输出低电平，可控硅 T 也因没有触发信号而截止，灯泡 ZD 仍不亮。

当有声音或脚步声时，话筒 BM 将声音信号转变成电信号，通过电容 C1 耦合到三极管 VT 的 b 极，使 VT 瞬间截止，IC 的 2 脚为瞬间高电平，又因 IC 的 1 脚为高电平，所以 IC

的 3 脚输出低电平，4 脚输出高电平，经二极管 VD5 向电容 C3 快速充电至高电平。这时 IC 的 10 脚输出低电平，11 脚必然输出高电平，经电阻 R3 降压后，产生一个 2V 左右的触发信号，使可控硅 T 导通，灯泡 ZD 发光。

声音信号消失后，三极管 VT 的 c 极又恢复为低电平加到 IC 的 2 脚，即使 IC 的 1 脚为高电平，IC 的 4 脚必然输出低电平，使得二极管 VD5 反向截止。这时电容器 C3 通过 R8 缓慢放电，仍能维持一段时间的高电平。经过两级与非门可维持可控硅 T 导通，灯泡 ZD 保持发光。随着电容器 C3 的不断放电，其两端的电压也不断降低，当达到与非门电平翻转条件时，IC 的 11 脚变为低电平，可控硅 T 触发信号消失而关断，灯泡 ZD 熄灭。达到了灯泡发光延时自动关断的目的。

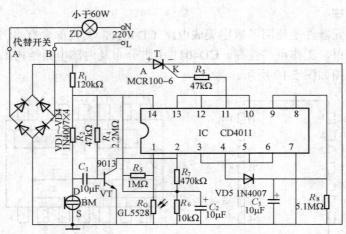

图 5-19　声光控延时开关电路原理图

电路中使用的可控硅是一种 NPNP 的四层器件，平时它是关断的，当在控制端给一个触发脉冲时，它就导通了，导通后，即使撤掉触发脉冲，它仍然导通而不会关断，只有给它施加反向电压或切断电流，它才能关断。上边说的声控灯，就是去掉触发脉冲后，利用整流后未经滤波的过零脉动直流电源在过零瞬间，使可控硅 T 电流中断而自动关断。

5.3.3　安装说明

（1）二极管、三极管安装时注意极性不要装反，线路板上都有标识，制作时请严格按标识来插件。

（2）三极管安装时必须控制其高度，安装时尽量插到底，装入盒子后，若太高的话会将电路板顶起，造成后盖无法正常安装。

（3）可控硅（晶闸管）的外形与三极管完全相同，插装时一定要看准标识，不能装错。

（4）电解电容安装时应采用横向安装，否则太高了会顶到外壳上。同时注意极性。

（5）驻极体话筒的安装。

1）驻极体话筒的引脚识别。驻极体话筒无论是直插式、引线式或焊脚式，其底面一般均是印制电路板，如图 5-20 所示。对于印制电路板上面有两部分敷铜的驻极体话筒，与金属外壳相通的敷铜应为"接地端"，另一敷铜则为"电源/信号输出端"（有漏极 D 输出和源极 S 输出之分）。对于印制电路板上面有三部分敷铜的驻极体话筒，除了与金属外壳相通的敷铜仍然为"接地端"外，其余两部分敷铜分别为"S 端"和"D 端"。有时引线式话筒的印制电路板被封装在外壳内部，无法看到（如国产 CRZ2-9B 型），这时可通过引线来识别：屏蔽线为"接地端"，屏蔽线中间的两根芯线分别为"D 端"（红色线）和"S 端"（蓝色线）。如果只有1 根芯线（如国产 CRZ2-9 型），则该引线肯定为"电源/信号输出端"。两种话筒结构如图 5-20 所示。

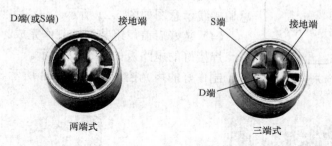

图 5-20　驻极体话筒种类及引脚排布

2）驻体话筒引线制作。驻体话筒必须焊出两根引线后方能安装于线路板上，可用剪下来的电解电容器引脚作为引线来使用，先将引线折成 L 状，然后把短边焊在驻体话筒的两个焊点上即可。

（6）光敏电阻的安装。光敏电阻 RG 没有极性可以任意插装。需要指出的是，光敏电阻在局部电路调试完毕后将电路板固定在外壳后再焊接光敏电阻，这样做一是便于调试，二是根据跟外壳配合情况来选择引脚的长短（让光敏面跟外壳外平面平齐）。

元器件清单见表 5-4。

表 5-4　　　　　　　　　　　　声光控开关元器件清单

序号	标识	元件名称	型号规格	数量	序号	标识	元件名称	型号规格	数量
1	IC	集成电路	CD4011	1 片	11	R4	电阻	2.2MΩ	1 支
2	T	可控硅	MCR100-6	1 支	12	R5	电阻	1MΩ	1 支
3	VT	三极管	9013	1 支	13	R6	电阻	10kΩ	1 支
4	VD1—VD5	二极管	1N4007	5 支	14	R7	电阻	470kΩ	1 支
5	BM	驻极话筒	54±2dB	1 粒	15	R8	电阻	5.1MΩ	1 支
6	RG	光敏电阻	GL5528		16		前盖后盖	—	1 套
7	C2、C3	电解电容	10μF/10V	2 支	17		印制板	—	1 块
8	C1	瓷片电容	104	1 支	18		自攻螺丝	φ3×6	5 粒
9	R1	电阻	120kΩ	1 支	19		机制螺丝	M4×25	2 粒
10	R2、R3	电阻	47kΩ	2 支	20		导线		2 根

5.3.4　调试方法

（1）初调。将没有焊接光敏电阻的完整电路板按图连接好，接上电源后拍手，这时灯泡会点亮。大约经过 45s 左右的延时后灯泡熄灭，说明声控部分和延时部分正常。

（2）总调。将光敏电阻插装到初调好的电路板相应位置上，用自攻螺钉将其固定在前外壳上，然后调整光敏电阻的前后左右位置和引脚长度，使其正好对准前外壳的圆孔中，受光面与外壳表面平齐，再将光敏电阻的引脚用电烙铁焊接在电路板上。

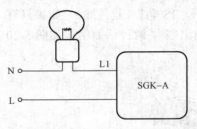

图 5-21　调试接线示意图

（3）按电路原理图接好线路，在有光照的情况下拍手，灯泡不应该点亮。然后用一块黑布将声光控开关盖上拍手，灯泡点亮，经延时 45s 左右灯泡熄灭，说明整个电路工作正常。总调接线示意图如图 5-21 所示。

（4）装好后盖，组装调试制作完成。

焊接好的电路板如图 5-22 所示。

制作好的声光控开关如图 5-23 所示。

图 5-22　电路板元件分布及排列

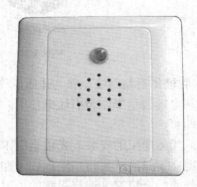

图 5-23　声光控开关成品图

任务 5.4　手机电池充电器制作

5.4.1　手机电池充电器组装实践的目的

通过手机电池充电器的制作，巩固开关电源工作原理及特点；学习并联式稳压器的原理及工程应用；掌握双色发光二极管的特点及接线方法；学习电源极性的自适应电路原理及应用。

掌握一般小电子产品的制作、调试工艺及方法。

手机已成为人们生活中不可缺少的通信工具，由于手机采用电池供电，因此对电池的充电也变得非常普遍，而现在的手机充电器一般都是一台机子配一台充电器，而手机间却不能通用，这个非常麻烦。这里我们推出一款手机电池万能充电器的制作，它设计小巧，价格低廉，且所用的元件全部为分立元件，非常适合电子爱好者制作。制作完成的充电器能对大多数手机的电池进行充电，非常方便实用。

5.4.2　本机特点

（1）本套件采用分立元件设计，开关电源供电，电子元件数量适中，具有制作成功率高、电路可靠、体积小、重量轻、效率高等优点，非常适合职教类学生进行电子实训教学，尤其是电源部分电路，具有典型的开关电源特点，且电路简单，原理清晰，易于教学。

（2）同时这款制作套件外观设计美观，制作完成的产品具有较高的实用性，能对充电容量为 250～3000mAh 的锂离子、镍氢手机电池进行充电，电池处于不同状态有不同颜色的指示灯进行显示，非常直观。

（3）充电器内设自动识别线路，可自动识别电池极性，输出电压为标准 4.2V，能自动调整输出电流，使电池达到最佳充电状态，延长电池的使用寿命。

5.4.3　工作原理

所谓开关电源就是利用电子开关器件（如晶体管、场效应管、可控硅等），通过控制电路，使电子开关器件不停地"接通"和"关断"，让电子开关器件对输入电压进行脉冲调制，从而实现 DC/AC、AC/DC 的电压变换，同时实现输出电压可调和自动稳压。

开关电源的中心思想：用提高工作频率等手段来提高电源的功率密度，进而达到减小变压器体积和重量的目的。采用开关变换的显著优点是大大提高了电能的转换效率，典型的开关电源效率可达 70%～75%，而相应的线性稳压电源的效率仅有 50% 左右。

开关电源工作原理图如图 5-24 所示。

本款手机充电器就是根据开关电源工作原理来实现的。

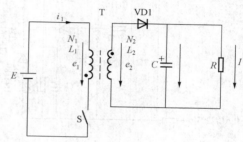

图 5-24　开关电源工作原理图

该充电器电路原理图如图 5-25 所示。220V 交流输入，一端经过 VD1（1N4007）半波整流，另一端经过 R_1（1Ω）电阻后，由 C_1（4.7μF/400V）电容滤波。电阻 R_1 是用来做保护的，如果后面出现故障等导致过流，那么电阻 R_1 将被烧断，从而避免引起更大的故障。VT1（BU102）为开关管，用来控制一次绕组与电源之间的通、断。当一次绕组不停的通断时，就会在开关变压器中形成变化的磁场，从而在次级绕组中产生感应电压。

市电经 VD1 整流及 C_1 滤波后得到约 300V 的直流电压加在变压器 T1 的 L1 绕组的上端，同时此电压经 R_2 给 VT1 基极加上偏置后使其微微导通，有电流流过 L1 绕组，必然产生感应电动势，同时反馈线圈（L3 绕组）上端形成正极性电压，此电压经 C_2、R_5 反馈给 VT1 的基极，使其更加导通，直至其饱和。接下来此正极性电压不断给电容器 C_2 充电，C_2 左端电位不断下降，VT1 基极电位也不断下降，基极电流不断减小，最终使 VT1 退出饱和进入放大状态。在放大状态下，只要其基极电流继续减小，其集电极电流会急剧地减小，开关变压器各绕组中的感应电压极性产生突变，原来正极性端子就会变成负极性端子，所以三极管 VT1 马上变成截止态。这时，开关变压器 T1 的 L2 绕组上端产生正极性电动势经 VD4 给 C5 充电，形成整流滤波电路提供给电池充电所需电压。

随着充电的不断进行，开关变压器里存储的磁场能量不断减小，也即各绕组中的电压越来越低，三极管 VT1 的基极电位在逐渐升高，只要其基极里有微小电流出现，就会进入下一个振荡周期。

综上所述，由三极管 VT1、VT2、变压器 T1 及外围相关元件组成高频振荡电路，产生高频脉冲电压，耦合到变压器 T1 次级线圈（L2 绕组），经 VD4 半波整流，C_5 滤波后形成直流电压，当充电端开路或电池电量充足时，并联稳压器 SL431 控制 VT8 的导通深度，使充电端电压恒定在 4.2V 左右，同时 VD5-2 点亮，充电器发出蓝色光；当充电端接上手机电池后，VT8 发射极电压被拉低，此时 IC1 采样端电压也下降，迫使 VT8 集电极电流加大，VT8 集电极电位降低，使 VT5 基极电流增大，VT5 集电极电流也增大，充电指示灯 VD5-1（红色）也点亮，充电器发出紫色光；但此时 VT8 的深导通一方面向电池充入电能，另一方面经 IC1 采样后又将促使 VT8 电流减小，如此反复，直到电池电量充足为止。

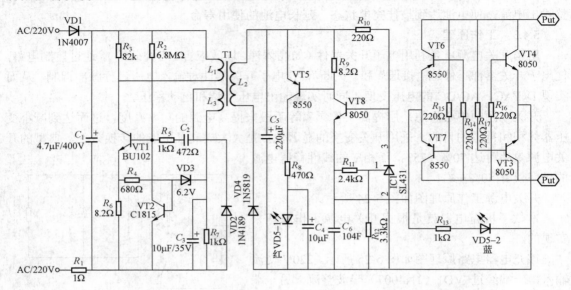

图 5-25　万能充电器电路原理图

开关变压器 T1 的 L3 线圈不仅是反馈线圈，同时也与 VT2、VD3、VD2、C_3 一起组成过压保护电路。当 T1 二次绕组 L2 经 VD4 整流后在 C_5 上的电压升高后，同时也表现为 T1 的 L3 线圈经 VD2 整流后在 C_3 上的电压也升高，当高至超过稳压管 VD3 的稳压值（6.2V）时，VD3 反向击穿导通，给 VT2 提供了基极电流，使 VT2 导通，集电极电位下降，也使 VT1 基极电位下降，促使 VT1 从饱和提前退出，减小了开关变压器存储能量，使输出电压降低。

电路中还设置了开关管 VT1 的过流保护，VT1 的发射极串联了电阻 R_6，当 VT1 发射极电流太大时，R_6 两端的电压也相应地增大，这个电压经 R_4 反馈到 VT2 的基极使其导通，其集电极电位下降，VT1 的基极电位也开始下降，VT1 的集电极电流就会下降，起到了保护的作用。

电路的右上角部分为电池极性自适应电路。该电路由三极管 VT3、VT4、VT6、VT7 及外围电阻构成，当电池极性为上正下负时，充电电流经 VT6、电池、VT3 形成充电回路，当电池极性为上负下正时，充电电流经 VT7、电池、VT4 形成充电回路。

5.4.4　安装注意事项

（1）由于线路板设计尺寸比较小巧，因此大部分元件采用立式安装。电阻中除 R1 卧式安装外其余均采用立式安装；所有电容器除 C1 采用横式安装外，其余均采用立式安装。制作者在安装元件时一定要注意，引脚一旦剪得过短将很难安装。安装时只要对照说明书上的原理图，结合线路板上的元件标识对号入座即可。

（2）二极管、三极管及电解电容安装时一定要注意极性，对于线路板上的标识不理解的，应仔细核对原理图，确定准确后方可安装，否则反装将使电路无法正常工作。

（3）由于所有三极管、并联稳压器 SL431 均为 TO-92 封装，因此在装插过程中一定要看清标识，不要装错。

（4）双色发光管引出三个引脚，中间的为公共端，两边两个脚分别对应两种色彩发光管的阳极，焊接时，若无法确定安装方向，可先用 5V 直流电源串一只 2k 左右的电阻查看哪个脚是发蓝光，哪个脚是发红光。或者用数字万用表的 PN 结试挡来检测，把黑表笔接中间的公共引脚，红表笔分别接另外两只引脚，发光管应该能发出微弱相应颜色的光。引脚确定后，将蓝色光引脚与 R13 相连的焊点对应起来焊接，这样便可以准确确定双色管的安装方向，由于两种色彩的发光管电气参数不一样，因此反装的话将使充电器无法正常工作，若装好后接上电池，没有插上市电也出现红灯闪亮，说明双色管的方向装反，可拆下换个方向再装并试机。

（5）开关变压器体积较小，引脚底座采用塑料结构比较脆弱。如果电路板孔距与引脚尺寸存在误差时，在装插过程中极易把开关变压器引脚的塑料瓣碎而报废。

（6）充电电极与引线焊接时，一定要先将电极焊接端用刀片刮除镀层或氧化层，这样可方便焊接，同时焊时锡不要太多，另外要注意焊接时间不宜过长，由于外壳是塑料件，温度过高会熔化塑料，造成变形，焊好后用手按动一下正面夹子弹簧，看能否灵活运动。

（7）由于市电引入脚与线路板的连接是通过插头极片完成的，如果安装接触不良的话，将使充电器无法正常工作，在线路板焊接时必须在与电极片接触的线路板上搪锡（线路板上可看到几条铜线没有上阻焊层的），放入外壳前，先将引脚固定螺丝松开，然后将线路板平整地放入外壳中，再拧紧固定螺丝，这步完成后，再用万用表电阻挡测量引脚与线路板是否接触可靠，若电阻无穷大，应仔细调整，直至接触良好为止。

安装完成如图 5-26 所示。

图 5-26 万能充电器安装完成图

5.4.5 电路调试

（1）全部元件安装完成后，应仔细检查，确认元件安装无误后便可以通电检测。

（2）由于本电路采用的是 220V 供电，因此从安全的角度考虑，可以先用直流电源进行充电电路的调试，方法为：将 VD4 一个引脚与线路板上断开，然后将直流稳压电源调整到输出 5.6V，接于 C5 两端，此时可以看到蓝色指示灯亮，取一手机锂电池，将充电电极引脚间距调整到正好与电池上的正、负极距离相当，松开充电夹子，将电池放入其中，若电池电量不足，此时可看到充电红灯闪亮，如果符合这些规律，说明充电电路基本正常。

（3）所有元件全部装好，接入市电进行测试。注意此时手不要去碰开关电源部分元件，否则容易发生触电事故。用万用表测量 C_5 两端电压，正常应在 5.6～6V 间（由于元件参数不同，实际电压值也略有差别），测量充电电极间电压，应为 4.3V 左右，极性是随机的，当接上电池后，C_5 两端电压在 5.2～5.5V 间，而充电电极间的电压则为电池两端电压值，同时两指示灯应符合前述规律，这时可判断充电器工作正常。

（4）一些同学在制作中可能会出现装上电池，充电器就显示蓝灯，插上电源也是这样，很多都是电源引入插片接触不良造成，可对照安装注意事项中第（7）步进行操作处理，电源引入接触不良，就等同于装上了电池，没有插上市电一样。

元器件清单见表 5-5。

表 5-5　　　　　　　　　　　　　　万能充电器元器件清单

序号	标识	元件名称	型号规格	数量	序号	标识	元件名称	型号规格	数量
1	R1	电阻	1Ω	1	17	VD2	二极管	1N4148	1
2	R2	电阻	6.8MΩ	1	18	VD3	稳压二极管	6.2V	1
3	R3	电阻	82kΩ	1	19	VD4	二极管	5819	1
4	R4	电阻	680Ω	1	20	VD5	双色发光管	$\phi 5$	1
5	R5、R7、R13	电阻	1kΩ	3	21	VT1	三极管	BU102	1
6	R6、R9	电阻	8.2Ω	2	22	VT2	三极管	C1815	1
7	R8	电阻	470Ω	1	23	VT3、VT4、VT8	三极管	8050	3
8	R10、R14～R17	电阻	220Ω	5	24	VT5、VT6、VT7	三极管	8550	3
9	R11	电阻	2.4kΩ	1	25	IC1	并联稳压器	SL431	1
10	R12	电阻	3.3kΩ	1	26	T1	开关变压器	—	1
11	C1	电解电容	4.7μF/400V	1	27	—	导线	0.1×6	2
12	C2	瓷片电容	472	1	28	—	自攻螺丝	$\phi 2.3×8$	2
13	C3、C4	电解电容	10μF/35V	2	29	—	外壳	—	1
14	C5	电解电容	220μF/16V	1	30	—	线路板	—	1
15	C6	瓷片电容	104	1	31	—	说明书	—	1
16	VD1	二极管	1N4007	1					

任务 5.5　调幅超外差收音机

5.5.1　超外差式收音机组装实践的目的

通过超外差式收音机的组装过程，可以进一步学习巩固高频电子技术，巩固和学习 LC 振荡器电路及工程应用；学习巩固变频原理及超外差式接收电路；巩固低频放大电路及功率放大电路原理及工程应用。

掌握小型电子线路系统的装调技术；掌握电子产品组装的一般工艺；掌握电子产品的电路测量和调试技术。

掌握高频信号发生器、毫伏表、示波器及扫频仪的操作与使用。

5.5.2　超外差收音机的工作原理

1. 超外差收音机原理方框图

所谓超外差收音机是把接收到的电台信号和本机振荡信号同时送入变频管进行混频，并始终保持本机振荡频率比外来信号频率高一个中频频率，通过选频电路取两个信号的"差频"即中频进行放大。因此，在接收波段范围内信号放大量均匀一致，同时，超外差收音机还具有灵敏度高、选择性好等优点。其框图如图 5-27 所示。

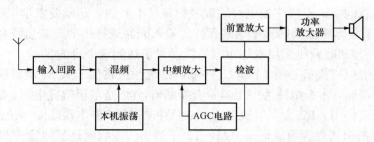

图 5-27　超外差收音机电路原理方框图

2. 超外差收音机信号处理过程图

超外差式收音机信号处理过程图如图 5-28 所示。输入回路从天线接收到的众多广播电台发射出的高频调幅波信号中选出所需接收的电台信号，将它送到变频电路，本机振荡产生的始终比外来信号高 465kHz 的等幅振荡信号也被送入变频电路。在变频电路中，利用晶体管的非线性作用，混频后产生这两种信号的"基频"、"和频"、"差频"以及多种谐波频率信号，其中差频为 465kHz，由选频回路选出这个 465kHz 的中频信号，将其送入中频放大器进行放大，经两级放大后的中频信号再送入检波电路进行检波，还原成原调制信号（音频信号），音频信号再经前置低频放大和功率放大后送到扬声器，由扬声器还原成声音。

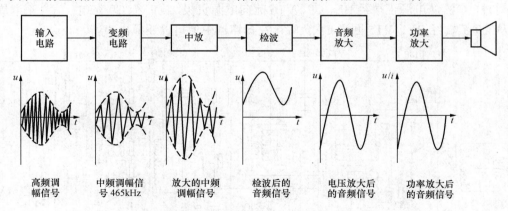

图 5-28　调幅收音机工作原理图框图

3. 典型的超外差式收音机电路原理图

典型的超外差式收音机电路原理图如图 5-29 所示。

本教学套件为 3V 低压全硅六管超外差收音机，具有安装调试方便、工作稳定、声音洪亮、耗电省等特点。它由输入回路、高放混频级、一级中放、二级中放兼检波、前置低放和功放以及 AGC 电路等部分组成。接收频率范围为 535～1605kHz。

电路中，VT1 及相关元件组成高放及变频电路，把本机振荡产生的高频等幅振荡信号 $f_{本振}$，输入回路选择出来的广播电台的高频已调波信号 $f_{外信号}$，同时加到非线性元件 VT1 的输入端。由于元件的非线性作用（晶体管的非线性作用），在输出端除了输出原来输入的频率 $f_{本振}$、$f_{外信号}$ 的信号外，还将按照一定规律，输出频率为 $f_{本振}+f_{外信号}$、$f_{本振}-f_{外信号}$、……多种信号。在设计电路时，使本机振荡的频率比外来高频信号的频率，始终高出 465kHz，然后将选出的 465kHz 的中频信号送到中频放大器去放大。

特别值得注意的是，不同广播电台的载波频率是不同的，这就要求本机振荡的频率也随之变化，并且，要使本机振荡的频率始终保持比输入回路选择出的高频信号高 465kHz，这就是"跟踪"。超外差式收音机采用双连电容器就是为了达到这个目的。

本电路中无线电广播信号经 T1 和 C_A 并联网络选频接收后，从 T1 次级输入 VT1 基极，与本振信号进行混频，本振电路为变压器耦合振荡器，R1 是基极偏置电阻。C1 和 C2 提供高频通路，并起隔直作用。R2 为发射极电阻。红色中周 T2 内的本振线圈（带抽头的那段）和 C_B、及与其并联的微调电容组成谐振电路，T2 中的另一段线圈是晶体管 VT1 集电极交流负载。振荡器从带抽头线圈上取得反馈电压，满足振荡条件。

其差频信号从 T3 谐振负载处取出，经 T3 次级线圈耦合，送入 VT2 基极，进行选频放大，VT3 同时具有放大及检波功能，接收到的中频信号经 VT3 的发射极、C5、RP 检波处理后，在 RP 端输出音频调制信号，RP 兼具检波负载电阻和音量控制功能，同时，VT3 集电极输出经 R3、C4 和 C3 组成的 AGC（自动增益控制电路）取样信号送入 VT2 的基极作为反馈信号实现自动增益控制。为使收音机所收听的不同电台的节目，不受发射台远近、电台发射功率及接收环境的影响，对信号强弱不同的电台，能够基本维持一定的音量，因此在晶体管收音机中装有自动增益控制电路。音频信号从 RP 滑动端取出，经 C6 耦合，送入 VT4 进行音频推动放大，放大后的音频信号经变压器倒相耦合后，送入功放电路完成推换功率放大，信号负半周时，电流从电源正端经 BL、C9、VT6 流向电源负极，同时给 C9 充电；信号正半周时，电流从 C9 正端经 BL、VT5 回到 C9 负端，在扬声器中便可以还原出声音。

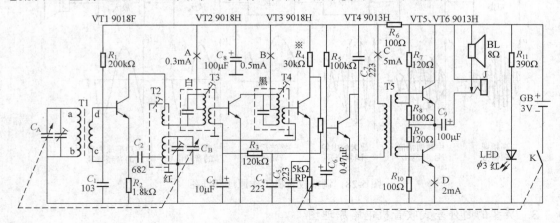

图 5-29　收音机电路原理图

5.5.3　组装注意事项

（1）本机在结构设计上，由于设计较为紧凑，部分电阻采用立式安装，具体见线路板上标注。音量电位器安装时一定要插到底同时放平，否则装好后的拨盘有可能无法灵活转动。

（2）电容器全部采用立式安装，其中电解电容在安装时注意极性（电路板上标识为圆圈里涂白的一边为负极）。

（3）三极管插装时应注意引脚排列及型号，因为不同型号具有不同的技术特性，特别是频率特性的区别。

（4）两只中周和振荡线圈由于管脚全部一样，因此安装时一定要根据线路板和原理图上的标注对号入座（红色磁帽为振荡线圈，白色磁帽为第一中周，黑色磁帽为第二中周），一旦装错，将影响正常使用功能。

（5）音频输入变压器安装时要仔细查看骨架上的一个白点（或凸出点），插装时与线路板上所标识的白点方向应一致，且不可随意插装。

（6）电源指示灯应从焊接面伸出，焊接时引脚需留有足够长度，焊好后从线路板上的缺口处折向焊接面，根据实际安装外壳中的高度进行确定，以拧上固定螺丝后 LED 正好可伸出外壳中的孔为好。

（7）在安装可变电容器（双联）时，应先把固定磁棒的塑料骨架安装片夹在双联和电路板中间后用螺钉先于电路板固定，在固定前还应把双联的三根引线插入对应的电路插孔中，而后才能将其焊接固定。

（8）本套件中耳机插座在线路板上进行了预留，实际组装时由于问题较多，这里可以不安装，扬声器一端接正电源，另一端与 C9 正端相接即可，线路板上留有焊接孔。

（9）电池正负极卡片及卡簧和导线连接需要焊接，焊接前要用小刀把焊片上的镀层刮掉后作镀锡处理，卡片、卡簧和导线应焊接好后再装入外壳的塑料插槽内，以防在装入后焊接时使塑料外壳融化。

（10）磁性天线安装时注意极性，圈数较多的为初级，少的为次级，方向从左到右依次为 a、b、c、d，焊接时与线路板上对应的焊点相连，插入磁棒时，应将初级侧靠近磁棒的外端，安装时若将天线的漆包线剪断过的，焊接时必须先刮漆并上锡，搪锡时，把线头放在有松香的烙铁板上，用沾有焊锡的烙铁头顺着导线方向轻轻刮蹭，同时旋转导线直至线头镀有焊锡为止。然后才能焊上天线，否则容易造成虚焊，影响功能。

（11）喇叭放入外壳位置后，要用加热的烙铁头将位于喇叭外缘的三个凸起的塑料片加热后向内压倒，这样喇叭就会稳当地固定在外壳上。另外请同学们注意的是，喇叭的接线片位置应旋转至靠近电路板一侧，便于方便接线。

（12）为了便于测试各级集电极电流，在电路板上留有测试缺口，在各级静态电流测试完毕且正常后，再将这些缺口用焊锡补上。

5.5.4　电路调试

1. 整机检查和清理

收音机安装好以后，首先要对照电路原理图和印制板图，检查各元件连接是否正确无误，然后再查看各个元件和焊点，可以轻轻拨动各元件，一方面查清焊接是否牢靠，有没有漏焊或虚焊；另一方面可把各元件排列整齐，以免和机壳或其他元件相碰。还应该注意把滴落机内的锡珠、线头等清理干净，防止通电后造成短路。

2. 静态调试

整机检查完毕后，即可进行电路静态工作点的测试。测试时应从后级开始逐级向前检测，将电池装好后把收音机开关打开，选择万用表合适的电流挡，将表笔串联在各级三极管的集电极中（电路板上预留的缺口两端），进行逐级测试，其静态电流应在标注数值左右，如出现较大误差，应仔细检查电路元件、焊接情况后妥善处理。各级静态电流大小如图 5-29 所示。

3. 动态调试

（1）中频调试。

1）用扫频仪调中频。

a）将双联电容的振荡联的定片对地短路，使本机振荡停振。

b）按照标志频率的方法对扫频仪进行标志频率的设置，A、B、C、D、E 各挡分别设置为：465、525、600、1500、1640kHz。

c）扫频仪的射频（RF）输出信号输入给收音机的输入回路（即由双联电容器输入联的定片对地输入射频信号）。扫频仪的 Y 轴输入接至被测收音机的检波器输出端（即取自音量电位器 W 两端）。音量电位器应旋到音量最小位置。

d）扫频仪的输出衰减器应大于 70dB、Y 轴增益置于最大。"垂直位移"旋钮的位置应使在屏幕上的扫迹容易观察。

e）用无感改锥由后级向前反复调节各中频变压器的磁心，使扫频仪显示的 465kHz 标志频率点幅值最大，并且应使其左右对称，至此中频调整完毕。

f）中频调整完毕后，要把双联电容器振荡联的定片对地的短路线拆掉，使本机振荡电路恢复工作。

2）用广播电台调中频。在业余条件下，若无扫频仪设备，只好用广播电台的播音调中频，调整的方法是在中波段高频端选择一个电台（远离 465kHz），先将双联电容的振荡联的定片对地瞬间短路，检查本振电路工作是否正常，若将振荡联短路后声音停止或显著变小，说明本振电路工作正常，此时调中频才有意义。用无感改锥由后级向前级逐级调中频变压器（中周）的磁心。边调边听声音（音量要适当），使声音最大，如此反复调整几次即可。

调节中频变压器（中周）的磁心时应注意：不要把磁心全部旋进或旋出，因为中频变压器出厂时已调到 465kHz，接到电路后因分布参数的存在需要调节，但调节范围不会太大。

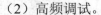

（2）高频调试。

1）调频率覆盖（调刻度）。频率覆盖是指双联电容器的动片全部旋进定片（对应低频端），至双联电容器的动片全部旋出（对应高频端）所能接收到的信号频率的范围。我国中波段频率覆盖范围为 535～1605kHz。调覆盖又称为调刻度，要求中波段所能接收到的各电台的频率与收音机的频率度盘上的频率刻度应基本一致。调节频率旋钮时指针应从低端频率刻度起，到高端频率刻度止，即指针随双联电容器动片的旋出从低端向高端应走完刻度全程。图 5-30 所示为制作机的调谐刻度盘。

（a）用扫频仪调覆盖。用扫频仪调覆盖，将扫频仪的射频（RF）输出信号输入给收音机的输入回路（即由双联电容器输入联

图 5-30　收音机调谐刻度盘

的定片对地输入射频信号）。扫频仪的 Y 轴输入接至被测收音机的检波器输出端（即取自音量电位器 RP 两端）。音量电位器应旋到音量最小位置。

a）先把双联电容器的动片全部旋进定片（即对应覆盖的低频端 535kHz），用无感改锥调节本振线圈磁心，使 535kHz 标志频率点处于峰值最大位置。

　　b）而后把双联电容器的动片全部旋出定片（即对应覆盖的高频端 1605kHz），调节本振回路的补偿电容（与 C_B 并联的微调电容），使 1605kHz 标志频率点处于峰值最大位置。

　　c）调好高端后，再返回到低频端重复前面的调试，反复两三次即可。其基本方法可概括为：低端调本振电感、高端调本振补偿电容。

　　（b）用广播电台调覆盖（调刻度）。

　　a）在低频端接收一个本地区已知载波频率的电台（如包头人民广播电台的 558kHz），调节频率旋钮对准该台的频率刻度，然后调节本振线圈磁心，使该台的音量最大。

　　b）在高频端选择一个本地区已知载波频率的电台（如中央人民广播电台经济之声 1305kHz），调节频率旋钮对准该台的频率刻度，然后调节本振回路的补偿电容（与 C_B 并联的微调电容），使其音量最大。

　　c）再返回到低频端重复前面的调试，反复两三次即可。其基本方法可概括为：低端调本振电感、高端调补偿电容。

　　2）调跟踪。超外差式收音机是将接收到的信号与本机振荡信号在混频器中混频后得到一个固定的中频信号，然后送入中频放大器放大。理想的情况是在整个波段内本机振荡频率都能跟随输入信号的频率变化（本振频率高于输入信号频率 465kHz），差频均应为 465kHz。本机振荡频率跟随输入信号的频率的变化称为同步跟踪。同步跟踪是由输入回路和本振回路中的同轴双联可变电容器同步旋转来实现的，理想跟踪时输入回路和本振回路的调谐频率与双联电容旋出角度的关系曲线如图 5-31 所示。

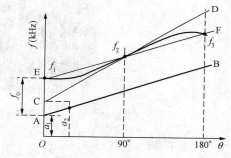

图 5-31　三点跟踪统调示意图

　　调跟踪又称统调，三点统调在设计本振回路时已确定，而且在调覆盖时本振线圈磁心和补偿电容的位置已确定，能否实现跟踪就只取决于输入回路了。所以，统调（调跟踪）是调整输入回路。

　　（a）用扫频仪调跟踪。

　　a）将扫频仪的射频（RF）输出信号输入给收音机的输入回路（即由双联电容器输入联的定片对地输入射频信号）。扫频仪的 Y 轴输入从被测收音机的检波器引出（即取自音量电位器 RP 两端），音量电位器应旋到音量最小位置。

　　b）调节收音机的调谐旋钮，使频率刻度指在 600kHz 位置，调整输入回路的天线线圈在磁棒上的位置，使 600kHz 标志频率点处于峰值位置。用铜铁棒接近天线线圈磁棒的方法进行检验，接近时 600kHz 标志频率点幅值应减至最小，若出现反升现象应继续调节；或微调一下双联电容器找准谐振点，再用铜铁棒进行检验，使低端统调。

　　c）调节收音机的调谐旋钮，使频率刻度指在 1500kHz 位置，调输入回路的补偿电容（与 C_A 并联的微调电容），使 1500kHz 标志频率点处于峰值位置。用铜铁棒进行检验，若出现反升现象应继续调节；或微调一下双联电容器找准谐振点，再用铜铁棒进行检验，使高端统调。其基本方法可概括为：低端调输入回路的电感在磁棒上的位置，高端调输入回路的补偿电容。

　　d）高、低端调好后，调节收音机的调谐旋钮，使频率刻度指在 1000kHz 位置；将扫频仪标志频率点设为 1000kHz，该标志频率点应处于峰值位置，说明在 1000kHz 实现了同步跟踪（统调），用铜铁棒进行检验应无反升现象。

e）如此在高端、低端、中端反复调试，便可以实现三点统调（跟踪）。

（b）用广播电台信号调跟踪。

a）在低频端接收一个电台的播音（如包头人民广播电台的 558 kHz），调节输入回路的天线线圈在磁棒上的位置，使声音最大。

b）在高频端接收一个电台，调节输入回路的补偿电容（与 C_A 并联的微调电容），使其声音最大。

c）再返回到低频端重复前面的调试，反复两三次即可。其基本方法可概括为：低端调输入回路的电感在磁棒上的位置、高端调输入回路的补偿电容。

一般用接收电台信号调跟踪与调覆盖可同时进行，具体做法是：低端调本振线圈的磁心和天线线圈在磁棒上的位置；高端调本振和输入回路的补偿电容。

收音机成品图内部结构如图 5-32 所示。

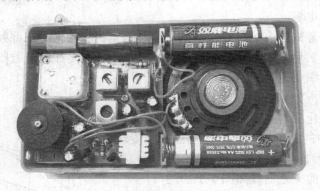

图 5-32　收音机成品内部结构图

元器件清单见表 5-6。

表 5-6　　　　　　　　　　　调幅收音机元器件清单

序号	标识	元件名称	型号规格	数量	序号	标识	元件名称	型号规格	数量
1	R1	电阻	200kΩ	1	12	C3	电解电容	10μF/16V	1
2	R2	电阻	1.8kΩ	1	13	C4、C5、C7	瓷片电容	223	3
3	R3	电阻	120kΩ	1	14	C6	电解电容	0.47μF/16V	1
4	R4	电阻	30kΩ	1	15	C8、9	电解电容	100μF/16V	2
5	R5	电阻	100kΩ	1	16	CA	双联电容	CBM-223P	1
6	R6、R8、R10	电阻	100Ω	3	17	LED	发光管	φ3 红色	1
7	R7、R9	电阻	120Ω	2	18	VT1	三极管	9018F	1
8	R11	电阻	390Ω	1	19	VT2、3	三极管	9018H	2
9	RP	电位器	5kΩ带开关	1	20	VT4、VT5、VT6	三极管	9013H	3
10	C1	瓷片电容	103	1	21	T1	磁棒天线	5×13×55	1
11	C2	瓷片电容	682	1	22	T2	振荡线圈	红色	1

续表

序号	标识	元件名称	型号规格	数量	序号	标识	元件名称	型号规格	数量
23	T3、T4	中周	白、黑	2	31	—	负弹簧片	—	2
24	T5	输入变压器	E14 型 6 脚	1	32	—	外壳	—	1
25	BL	扬声器	8Ω/0.5W	1	33	—	导线	0.1×7	5
26	—	双联拨盘	—	1	34	—	元机螺丝	$\phi 2.5 \times 5$	3
27	—	电位器拨盘	—	1	35	—	元机螺丝	$\phi 1.6 \times 5$	1
28	—	刻度盘	—	1	36	—	自攻螺丝	$\phi 2.5 \times 6$	1
29	—	磁棒支架	—	1	37	—	线路板		
30	—	正弹簧片	—	2	38	—	说明书		1

任务 5.6 分立式 OCL 功放电路制作

5.6.1 OCL 功放电路特点及组装实践的目的

1. OCL 功放电路特点

在晶体管收、扩音机中，广泛采用推挽功率放大电路，传统的推挽电路总需要输入变压器和输出变压器，这种用变压器耦合的电路存在一些缺点，如：由于变压器铁心的磁化曲线是非线性的，它会使放大电路产生非线性失真；由于变压器的漏磁对电路输入回路、中频回路的寄生耦合，会使整机工作不稳定；特别是由于变压器的存在，严重地影响了电路的频率特性，这是因为变压器绕组的电感量不能做得太大，因此，在低频时感抗较小（$X_L = \omega L$），使低频端增益降低，相反高频部分，由于感抗较大，放大倍数也大，容易产生饱和失真，这样使高、低音都不够丰满。

而 OTL 电路虽然可以去掉比较笨重的输出变压器，但由于使用单电源供电，因此必须在它的输出端增加一个输出电容器，一方面作为输出信号耦合，另一方面可充当 PNP 型管工作时的供电电源。由于耦合电容器的存在，必然影响电路的频率特性，引起信号失真。正如此，OCL 电路可以去掉这个电容器而采用直接耦合，所以具有很高的保真度。

2. 实践目的

通过 OCL 功放制作，巩固功放电路原理特点及工程应用；学习巩固大功率三极管工程应用及安装工艺；学习巩固差放电路工作原理；学习巩固对称正负电源的电路原理及工程应用。

学习一些用于电子产品使用的如电源、音频插口；接线排；散热器等配套器件的结构及安装工艺及方法。

5.6.2 功能说明及原理介绍

本实训套件采用典型的 OCL 电路，它具有稳定性高、频响范围宽、保真度好等优点，电路基本工作原理如图 5-33 所示。它由一对 NPN、PNP 特性相同的互补三极管组成，采用正、负双电源供电。这种电路也称为 OCL 互补功率放大电路。

1. 电路的结构特点

（1）由 NPN 型、PNP 型三极管构成两个对称的射极输出器对接而成。

（2）采用双电源供电。

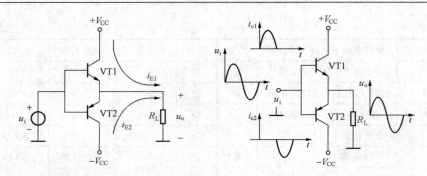

图 5-33　互补 OCL 功放工作原理图

（3）输入输出端不加隔直电容。

2. 工作原理

（1）静态分析。

当 u_i=0V 时　VT1、VT2 均不工作　u_o = 0V。因此，不需要隔直电容。

（2）动态分析。

当 u_i>0V 时，VT1 导通，VT2 截止，i_{O1}=i_{c1}=i_{e1} 形成 u_o 正半周。

当 u_i<0V 时，VT1 截止，VT2 导通，i_{O2}=$-i_{c2}$=$-i_{e2}$ 形成 u_o 负半周。

这种电路 VT1、VT2 两个晶体管都只在半个周期内工作，且工作性能又对称，故称为乙类互补对称功率放大电路。

3. 实际电路工作原理

本套件采用的电路原理图如图 5-34 所示。由于功放的两个声道电路完全对称，因此这里只对其中的左声道进行说明。VT2、VT3 组成差分输入电路，输入的音频信号经放大后，从 VT3 的集电极输出，R9、VD1-VD3 上的压降为 VT4 和 VT7 提供直流偏置电压，用于克服两管的截止失真（交越失真），音频信号经 VT4、VT7 预推放大后，具有足够的电流强度，然后送入 VT5、VT6 完成功率放大，信号正半周时，电流从正电源经 VT5 流向负载后到地，负半周时电流从地经负载、VT6 流向负电源，在整个功放过程中，VT5、VT6 始终处于微导通状态，因此这种功率放大器也称为甲乙类互补对称功放电路。这种电路由于采用了直接耦合的方式，因此频率特性非常好，制作完成后的样机经输入不同频段正弦波信号后，从输出端的波形看，具有很高的保真度。

R7 和 R4 分别构成 VT1、VT2 管的基流回路，且 R4 构成直流负反馈，使整个电路的静态工作点稳定。R4、C3 和 C4、R5 又形成了交流电压串联负反馈，使电压放大倍数稳定，输入电阻增大，输出电阻降低，非线性失真减小。

输出端所接 R10、C5 为输出端的感性负载（喇叭）提供感应电动势泄放通路，以防产生低频自激。

图 5-35 所示为该功放的电源电路。电源采用全波桥式整流电路，LED1 为电源指示灯，本电路要求变压器次级设对称的中心抽头，C_7、C_9 和 C_8、C_{10} 也要严格对称。正常工作后，向功放电路提供一对正负电压对称的电源。

这款功放电路与集成电路功放比较，虽然电路复杂些，但对于学习功放电路的初学者及学校教学的角度讲，本套件具有非常好的教学效果，可以让学生提高对 OCL 电路原理的认识，做出的实物配上音箱后可以欣赏高保真音乐，实现学习电子理论知识与培养电子制作动手能力两不误之目的。

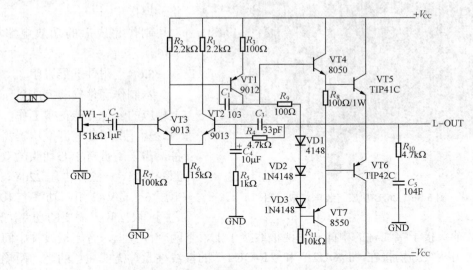

图 5-34　实际 OCL 功率放大器电路原理图

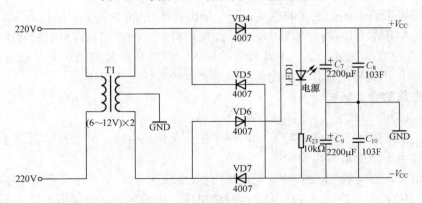

图 5-35　OCL 功放电源电路图

5.6.3　安装说明

本套件从元件数量上来看，对于初学者可能有点难度。实际上，左、右声道的电路是完全对称的两个电路，另一个就是电源电路。同学们只要严格按照工艺要求去做，都能成功完成制作。

在元件安装时要认真按线路板上的符号安装，元件安装时有两根跳线需要特别注意，位于 VT5、VT6 边上，标有"J1、J2"处，若漏焊，功放将无法正常工作。

本制作电路板面积较大，因此电路中所有电阻、二极管均采用卧式安装；所有电容器和三极管均采用立式安装。在插装时还一定要注意二极管和电解电容器的极性，三极管要注意极性和型号标识。

四只大功率三极管要先安装散热片后再插装在电路板上，散热片和三极管的金属底板要用螺钉拧紧，保证可靠接触以便散热。要注意散热片不能碰触三极管的引脚。以免引起极间短路。

图 5-36　OCL 功放组装电路成品图

电位器、输入/输出接线桩、信号输入插座跟电路板焊接时要安装平整、焊接牢固。

制作完成后的功放电路板如图 5-36 所示。

5.6.4　附件选配说明

本制作套件安装完成后，必须配上相应的配件方能正常工作。

套件所用的电源变压器需自行配备，需采用带有中心抽头的双绕组电源变压器，一次侧电压 220V，二次侧电压 6～12V×2 组，功率在 10～30W 之间（根据自己需要的功率决定），接线时中心抽头接于接线柱的中间，另两根线接于上、下两个位置上，音箱接线柱中间地线是共用的，另两根分别接在"L-OUT"和"R-OUT"的接线柱上。需要注意的是，两输出端千万不能短路，否则会立即烧坏功放管。

输出音箱可选用市场上在售的成品音箱，输出功率在 20W 左右，阻抗为 8Ω，若音箱质量较好，配上本功放，可获得非常好的效果。如果没有专业的音箱也可以直接接上 20W 左右，8Ω 的喇叭进行声音的播放。至于声音信号的输入，可以从计算机的声卡上取得，也可以用 MP3 等播放器件，直接用套件上所配的双声道音频输入线插接即可。

5.6.5　电路的专业调试

1. 电源及静态测试

通电后，正常情况下在 C7 和 C9 的两端产生正负直流电压，可用万用表进行测量，测得的结果正、负电压值应基本相等。

接上假负载，用电阻（8Ω/10W）代替扬声器。接通电源，用万用表直流电压挡测量推挽互补管 VT5、VT6 和 VT11、VT15 连接点对地电压，应为零伏，若测得的这些参数都正确，说明电路对称性较好。

2. 交流动态测试

测试电路及仪器仪表连接如图 5-37 所示。

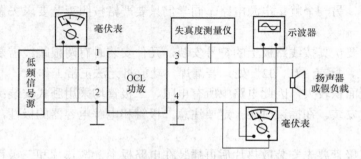

图 5-37　OCL 功放调试仪器电路连接示意图

调节低频信号发生器，在不同频率、不同输出电压的情况下，用示波器、失真度测量仪观察波形变化情况。同时用交流毫伏表测量不失真输出的交流电压值，在某个输入频率下，将低频信号发生器的输出缓慢增大，直至放大器输出信号在示波器上的波形刚产生切峰失真而又未产生失真时为止。用失真度测量仪测出输出电压的失真度；用毫伏表测出输入电压和输出电压的大小，即可计算出电路的电压增益、功率增益以及放大器的效率等技术参数。

5.6.6 元器件清单

分立式 OCL 功放元器件清单见表 5-7。

表 5-7 OCL 功放元器件清单

序号	标注	元件名称	型号规格	数量	序号	标注	元件名称	型号规格	数量
1	R1、R2、R12、R15	电阻	2.2kΩ	4	17	VD4～7	二极管	1N4007	4
2	R3、R9、R16、R18	电阻	100Ω	4	18	LED1	发光管	φ5 红	1
3	R4、R10、R19、R22	电阻	4.7kΩ	4	19	VT1、VT10	三极管	9012H	2
4	R5、R20	电阻	1kΩ	2	20	VT2、VT3、VT8、VT12	三极管	9013H	4
5	R6、R13	电阻	15kΩ	2	21	VT4、VT9	三极管	8050	2
6	R7、R14	电阻	100kΩ	2	22	VT5、VT11	三极管	TIP41C	2
7	R8、R17	电阻	100Ω/1W	2	23	VT6、VT13	三极管	TIP42C	2
8	R11、R21、R23	电阻	10kΩ	3	24	VT7、VT14	三极管	8550	2
9	W1	可调电阻	51kΩ	1	25	—	散热片	—	4
10	C1、C8、C10、C11	瓷片电容	103F	4	26	—	圆机螺丝	M3×6 含帽	4
11	C2、C6	电解电容	1μF/25V	2	27	—	接线柱	301-3T	1
12	C3、C12	瓷片电容	33PF	2	28	—	接线端子	7620-3T	1
13	C4、C13	电解电容	10μF/25V	2	29	—	双声道插座	5 脚	1
14	C5、C14	瓷片电容	104F	2	30	—	音频输入线	φ3.5 双头	1
15	C7、C9	电解电容	2200μF/25V	2	31	—	线路板	—	1
16	VD1～VD3、VD8～VD10	二极管	1N4148	6	32	—	说明书	—	1

附录 1　国内外常用二极管的主要参数

附表 1-1　　常用国外型号整流用二极管的主要参数表

型　号	反向工作峰值电压 U_{RM}/V	额定正向整流电流 I_F/A	正向不重复浪涌峰值电流 I_{FSM}/A	正向压降 U_F/V	反向电流 I_R/μA	工作频率 f/kHz	外形封装
1N4000	25						
1N4001	50						
1N4002	100						
1N4003	200						
1N4004	400	1	30	≤1	<5	3	DO-41
1N4005	600						
1N4006	800						
1N4007	1000						
1N5100	50						
1N5101	100						
1N5102	200						
1N5103	300						
1N5104	400	1.5	75	≤1	<5	3	
1N5105	500						
1N5106	600						
1N5107	800						
1N5108	1000						DO-15
1N5200	50						
1N5201	100						
1N5202	200						
1N5203	300						
1N5204	400	2	100	≤0.8	<10	3	
1N5205	500						
1N5206	600						
1N5207	800						
1N5208	1000						

附表 1-2　　常用国内型号整流用二极管的主要参数表

型　号	反向工作峰值电压 U_{RM}/V	额定正向整流电流 I_F/A	正向不重复浪涌电流 I_{FSM}/A	正向压降 U_F/V	反向电流 I_R/μA	工作频率 f/kHz	外形封装
2CZ53A	25	0.3	6	≤1	5	3	ED-2
2CZ53B	50						

型　号	反向工作峰值电压 U_{RM}/V	额定正向整流电流 I_F/A	正向不重复浪涌电流 I_{FSM}/A	正向压降 U_F/V	反向电流 $I_R/\mu A$	工作频率 f/kHz	外形封装
2CZ53C	100						
2CZ53D	200						
2CZ53E	300						
2CZ53F	400						
2CZ53G	500	0.3	6	≤1	5	3	ED-2
2CZ53H	600						
2CZ53J	700						
2CZ53K	800						
2CZ53L	900						
2CZ53M	1000						
2CZ54A	25						
2CZ54B	50						
2CZ54C	100						
2CZ54D	200						
2CZ54E	300						
2CZ54F	400						
2CZ54G	500	0.5	10	≤1.0	<10	3	EE
2CZ54H	600						
2CZ54J	700						
2CZ54K	800						
2CZ54L	900						
2CZ54M	1000						
2CZ58C	100						
2CZ58D	200						
2CZ58F	400						
2CZ58G	500						
2CZ58H	600						
2CZ58K	800	10	210	≤1.3	<40	3	EG-1
2CZ58M	1000						
2CZ58N	1200						
2CZ58P	1400						
2CZ58Q	1600						

附表 1-3　　　　　　　　　　**常用国内外型号稳压二极管的主要参数表**

型　号	稳压值 U_Z/V	动态电阻 R_Z/Ω	温度系数 C_{TV}/（10^{-4}/℃）	工作电流 I_Z/mA	最大电流 I_{ZM}/A	额定功率 P_Z/W	外形封装
1N748	3.8～4.0	100					
1N752	5.2～5.7	35					
1N753	5.88～6.12	8					
1N754	6.3～7.3	15		20			
1N754	6.66～7.01	15					
1N755	7.07～7.25	6					
1N757	8.9～9.3	20				0.5	DO-35E
1N962	9.5～11.9	25					
1N962	10.9～11.4	12					
1N963	11.9～12.4	35		10			
1N964	13.5～14	35					
1N964	12.4～14.1	10					
1N969	20.8～23.3	35		5.5			
2CW50	1.0～2.8	50	≥−9		83		
2CW51	2.5～3.5	60	≥−9		71		
2CW52	3.2～4.5	70	≥−8	10	55		
2CW53	4.0～5.8	50	−6～4		41		
2CW54	5.5～6.5	30	−3～5		38		
2CW55	6.2～7.5	15	≤6		33		
2CW56	7.0～8.8	15	≤7		27		
2CW57	8.5～9.5	20	≤8		26		
2CW58	9.2～10.5	25	≤8	5	23		
2CW59	10～11.8	30	≤9		20		ED-1
2CW60	11.5～12.5	40	≤9		19	0.25	EA
2CW61	12.4～14	50	≤9.5		16		DO-41
2CW62	13.5～17	60	≤9.5		14		
2CW63	16～19	70	≤9.5		13		
2CW64	18～21	75	≤10		11		
2CW65	20～24	80	≤10		10		
2CW66	23～26	85	≤10	3	9		
2CW67	25～28	90	≤10		9		
2CW68	27～30	95	≤10		8		
2CW69	29～33	95	≤10		7		
2CW70	32～36	100	≤10		7		
2CW71	35～40	100	≤10		6		

续表

型　号	稳压值 U_Z/V	动态电阻 R_Z/Ω	温度系数 C_{TV}/（10^{-4}/℃）	工作电流 I_Z/mA	最大电流 I_{ZM}/A	额定功率 P_Z/W	外形封装
2DW230 （2DW7A）	5.8～6.6	≤25	≤|0.05|	10	30	0.2	B4
2DW231 （2DW7B）		≤15					
2DW232 （2DW7C）	6.0～6.5	≤10	≤|0.05|				

附表 1-4　　　　　常用国内外型号稳压二极管可代换表

型号	最大耗散功率/W	稳定电压/V	最大工作电流/mA	可代换型号
1N5236/A/B	0.5	7.5	61	2CW105-7.5V，2CW5236
1N5237/A/B	0.5	8.2	55	2CW106-8.2V，2CW5237
1N5238/A/B	0.5	8.7	52	2CW106-8.7V，2CW5238
1N5239/A/B	0.5	9.1	50	2CW107-9.1V，2CW5239
1N5240/A/B	0.5	10	45	2CW108-10V，2CW5240
1N5241/A/B	0.5	11	41	2CW109-11V，2CW5241
1N5242/A/B	0.5	12	38	2CW110-12V，2CW5242
1N5243/A/B	0.5	13	35	2CW111-13V，2CW5243
1N5244/A/B	0.5	14	32	2CW111-14V，2CW5244
1N5245/A/B	0.5	15	30	2CW112-15V，2CW5245
1N5246/A/B	0.5	16	28	2CW112-16V，2CW5246
1N5247/A/B	0.5	17	27	2CW113-17V，2CW5247
1N5248/A/B	0.5	18	25	2CW113-18V，2CW5248
1N5249/A/B	0.5	19	24	2CW114-19V，2CW5249
1N5250/A/B	0.5	20	23	2CW114-20V，2CW5250
1N5251/A/B	0.5	22	21	2CW115-22V，2CW5251
1N5252/A/B	0.5	24	19.1	2CW115-24V，2CW5252
1N5253/A/B	0.5	25	18.2	2CW116-25V，2CW5253
1N5254/A/B	0.5	27	16.8	2CW117-27V，2CW5254
1N5255/A/B	0.5	28	16.2	2CW118-28V，2CW5255
1N5256/A/B	0.5	30	15.1	2CW119-30V，2CW5256
1N5257/A/B	0.5	33	13.8	2CW120-33V，2CW5257
1N5730	0.4	5.6	65	2CW752
1N5731	0.4	6.2	62	2CW753，RD6.2EB
1N5732	0.4	6.8	58	2CW754，2CW957
1N5733	0.4	7.5	52	2CW755，2CW958

型号	最大耗散功率/W	稳定电压/V	最大工作电流/mA	可代换型号
1N5734	0.4	8.2	47	2CW756，2CW959
1N5735	0.4	9.1	42	2CW757，2CW960
1N5736	0.4	10	39	2CW758，2CW961
1N5737	0.4	11	36	2CW962
1N5738	0.4	12	33	2CW7592，CW963
1N5739	0.4	13	30	2CW760，2CW964，HZ-12
1N5740	0.4	15	26	2CW965
1N5741	0.4	16	24	2CW966
1N5742	0.4	18	21	2CW967
1N5743	0.4	20	19	2CW968
1N5744	0.4	22	17	2GW969
1N5745	0.4	24	15	2CW970，EQA02-25A
1N5746	0.4	27	13	2CW971，HZS30E
1N5747	0.4	30	11	2CW972，1/2W30
1N5748	0.4	33	10	2CW973
1N5749	0.4	36	9	2CW974
1N5750	0.4	39	8	2CW975
1N5985	0.5	2.4	175	2CW50-2V4，2GW5221
1N5986	0.5	2.7	167	2CW50-2V7，2CW5223
1N5987	0.5	3	141	2CW51-3V，2CW5225
1N5988	0.5	3.3	128	2CW51-3V3，2CW5226
1N5989	0.5	3.6	118	2GW51-3V6，2CW5227
1N5990	0.5	3.9	100	2CW52-3V9，2CW5228
1N5991	0.5	4.3	99	2CW52-4V3，2CW5229
1N5992	0.5	4.7	90	2CW53-4V7，2CW5230
1N5993	0.5	5.1	83	2CW53-5V1，2CW5231
1N5994	0.5	5.6	76	2CW53-5V6，2CW5232
1N5995	0.5	6.2	68	2CW54-6V2，2CW5234
1N5996	0.5	6.8	63	2CW54-6V8，2CW5235
1N5997	0.5	7.5	57	2CW55-7V5，2CW5236
1N5998	0.5	8.2	52	2CW55-8V2，2CW5237
1N5999	0.5	9.1	47	2CW57-9V1，2CW5239
1N6000	0.5	10	43	2CW58-10V，2CW5240
1N6001	0.5	11	39	2CW59-11V，2CW5241
1N6002	0.5	12	35	2CW60-12V，2CW5242

续表

型号	最大耗散功率/W	稳定电压/V	最大工作电流/mA	可代换型号
IN6003	0.5	13	33	2CW61-13V，2CW5243
1N6004	0.5	15	28	2CW62-15V，2CW5245
1N6005	0.5	16	27	2GW62-16V，2CW5246
1N6006	0.5	18	24	2CW63-18V，2CW5248
1N6007	0.5	20	21	2CW64-20V，2CWS2SO
1N6008	0.5	22	19	2CW65-22V，2CW5251
IN6009	0.5	24	18	2CW66-24V，2CW5252
1N6010	0.5	27	16	2CW67-27V，2CW5254
1N6011	0.5	30	14	2CW68-30V，2CW5256
1N6012	0.5	33	13	2CW69-33V，2CW5257
1N6013	0.5	36	12	2CW70-36V，2CW5258
1N6014	0.5	39	11	2CW71-39V，2CW5259
1N6015	0.5	43	9.9	2CW72-43V，2GW5260
1N6016	0.5	47	9	0.5W47V，2CW5261
1N6017	0.5	51	8.3	0.5W51V，2CW5262
1N6018	0.5	56	7.6	0.5W56V，2CW5263
1N6019	0.5	62	6.8	0.5W62V，2CW5265
1N6020	0.5	68	6.3	0.5W68V，2CW5266
1N6021	0.5	75	5.7	0.5W75V，2CW5267
IN6022	0.5	82	5.2	0.5W82V，2CW5268
1N6023	0.5	91	4.5	0.5W91V，2CW5270
1N6024	0.5	100	4.0	0.SW100V，2CW5271
1N6025	0.5	110	3.9	0.5W110V，2CW5272
1N6026	0.5	120	3.5	0.5W120V，2CW5273
1N6027	0.5	130	3.3	0.5W130V
1N6028	0.5	150	2.8	0.5W150V
1N6029	0.5	160	2.5	0.5W160V
176030	0.5	180	2.0	0.5W180V
1N6031	0.5	200	1.0	0.5W200V

附表 1-5　　　　　　　　常用快恢复二极管主要参数表

型　号	反向峰值电压 U_{RM}/V	额定正向整流电流 I_F/A	正向不重复浪涌电流 I_{FSM}/A	反向恢复时间 T_{rr}/ns
1N4933	50			
1N4934	100	1.0	30	0.2
1N4935	200			

续表

型　号	反向峰值电压 U_{RM}/V	额定正向整流电流 I_F/A	正向不重复浪涌电流 I_{FSM}/A	反向恢复时间 T_{rr}/ns
1N4936	400	1.0	30	0.2
1N4937	600			
MR910	50	3.0	100	0.75
MR911	100			
MR912	200			
MR914	400			
MR916	600			
MR917	800			
MR918	1000			
MR820	50	5.0	300	0.2
MR821	100			
MR822	200			
MR824	400			
MR826	600			
MUR805	50	8.0	100	0.06
MUR810	100			
MUR815	150			
MUR820	200			
MUR840	400			
MUR850	500			
MUR860	600			

注　快恢复二极管的正向压降与普通硅整流二极管相似，但反向恢复时间很小，耐压比肖特基二极管高得多，主要用作中频整流元件。

附表 1-6　　　　　　　　　　　常用肖特基二极管的主要参数表

型　号	反向峰值电压 U_{RM}/V	额定正向整流电流 I_F/A	正向不重复浪涌电流 I_{FSM}/A	正向压降 U_F/V	反向恢复时间 T_{rr}/ns	外形封装
1N5817	20	1.0	25	0.45	10	DO-41
1N5818	30			0.55		
1N5819	40			0.60		
1N5820	20	3.0	80	0.475		
1N5820	30			0.500		
1N5820	40			0.525		
1N5820	20	5.0	500			
1N5820	30			0.38		
1N5820	40					
MBR030	30	0.05	5	0.65		
MBR040	40					
MBR1100	100					

续表

型 号	反向峰值电压 U_{RM}/V	额定正向整流电流 I_F/A	正向不重复浪涌电流 I_{FSM}/A	正向压降 U_F/V	反向恢复时间 T_{rr}/ns	外形封装
MBR150	50					
MBR160	60					
MBR180	80	1.0	25	0.60		
MBR3100	100					
MBR350	50					
MBR360	60	3.0	80	0.525		
MBR380	80					
MBR735	35	7.5	150	0.57		
MBR745	45					
MBR1035	35					
MBR1045	45					
MBR1060	60	10.0	150	0.72		
MBR1080	80					
MBR10100	100					

注 肖特基二极管具有反向恢复时间很短、正向压降较低的特性，可用于高频整流、检波、高速脉冲箝位等场合。

附录2 部分国内外常用晶体三极管的技术参数

附表 2-1 　　　　　　　　部分常用小、中功率晶体三极管的技术参数表

型　号	U_{CBO}/V	U_{CEO}/V	I_{CM}/A	P_{CM}/W	h_{FE}	f_T/MHz
CS9011（NPN）	50	30	0.03	0.4	28～200	370
CS9012（PNP）	40	20	0.5	0.625	64～200	
CS9013（NPN）	40	20	0.5	0.625	64～200	
CS9014（NPN）	50	45	0.1	0.625	60～1800	270
CS9015（PNP）	50	45	0.1	0.45	60～600	190
CS9016（NPN）	30	20	0.025	0.4	28～200	620
CS9018（NPN）	30	15	0.05	0.4	28～200	1100
CS8050（NPN）	40	25	1.5	1.0	85～300	110
CS8550（PNP）	40	25	1.5	1.0	60～300	200
2N5400（PNP）	150	120	0.6	0.625	40	100
2N5401（PNP）	180	150	0.6	0.625	60	100
2N5550（NPN）	150	140	0.6	0.625	60	100
2N5551（NPN）	180	160	0.6	0.625	80	100
2SC945（NPN）	75	50	0.1	0.25	90～600	200
2SA1015（PNP）	60	50	0.15	0.4	70～400	80
2SC1815（NPN）	60	50	0.15	0.4	70～700	80
2SC965（NPN）	60	45	0.05	0.75	180～600	200
CS8050（NPN）	40	25	1.5	1.0	85～300	200
CS8550（PNP）	40	25	1.5	1.0	85～300	200
BD135（NPN）	60	45	1.5	1.2	40～250	75
BD136（PNP）	60	45	1.5	1.2	40～250	75
2SA683（PNP）	45	30	1.5	1.0	75	200
2SA692（PNP）	75	60	1.5	1.0	100	100
MJE13001（NPN）	500	400	0.3	5	10～40	8
MJE13002（NPN）	600	400	0.8	10	10～40	4
MJE13003（NPN）	700	400	1.2	25	10～40	4
3DG6C（NPN）	45	30	0.02	0.1		100
3DG12C（NPN）	60	50	0.1	0.5		300
3DG201C（NPN）	45	30	0.025	0.15		150
3DG130C（NPN）	60	45	0.3	0.8		150

附录 3 部分常用场效应管技术参数

附表 3-1   部分常用场效应管技术参数表

型　号	耐压/V	电流/A	功率/W	型　号	耐压/V	电流/A	功率/W
2SK534	800	5	100	IRF820	500	2.5	50
2SK538	900	3	100	IRF834	500	5	100
2SK557	500	12	100	IRF840	500	8	125
2SK560	500	15	100	IRF841	450	8	125
2SK565	500	9	125	IRF842	500	7	125
2SK566	800	3	78	MTH14N50	500	14	150
2SK644	500	10	125	MTH20N20	200	20	120
2SK719	900	5	120	MTH25N20	200	25	150
2SK725	500	15	125	MTH30N10	100	30	120
2SK727	900	5	125	MTH35N15	150	35	150
2SK774	500	18	120	MTH40N10	100	40	150
2SK785	500	20	150	MTM6N80	800	6	120
2SK787	900	8	150	MTM6N90	900	6	150
2SK788	500	13	150	MTM8N50	500	8	100
2SK790	500	15	150	MTM8N90	900	8	150
2SK955	800	9	150	MTM10N20	200	10	75
2SK962	900	8	150	MTM20N20	200	20	125
2SK1019	500	30	300	MTM25N10	100	25	100
2SK1020	500	30	300	MTM30N10	100	30	120
2SK1531	500	15	150	MTM40N10	100	40	150
2SK1537	900	5	100	MTP3N60	600	3	75
2SK1539	900	10	150	MTP3N100	1000	3	75
2SK1563	500	12	150	MTP4N60	600	4	50
2SK1649	900	6	100	MTP4N80	800	4	50
2SK1794	900	6	150	2SK1045	900	5	150
2SK2038	900	6	125	2SK1081	800	7	125
IRF350	500	13	150	2SK1082	800	6	125
IRF360	400	25	300	2SK1119	1000	4	100
IRF440	500	8	125	2SK1120	1000	8	150
IRF450	500	13	150	2SK1198	800	3	75
IRF451	450	13	150	2SK1249	500	15	130
IRF460	500	21	300	2SK1250	500	20	150
IRF740	400	10	125	2SK1271	1400	15	240

型　号	耐压/V	电流/A	功率/W	型　号	耐压/V	电流/A	功率/W
2SK1280	500	18	150	MTH8N60	600	8	120
2SK1341	900	5	100	MTH10N50	500	10	120
2SK1342	900	8	100	MTH12N50	500	12	120
2SK1357	900	5	125	H12N45	450	12	120
2SK1358	900	9	150	H13N50	500	13	150
2SK1451	900	5	120	MTP5N45	450	5	75
2SK1498	500	20	120	MTP5N50	500	5	75
2SK1500	500	25	160	MTP6N60	600	6	125
2SK1502	900	7	120	IXGH10N100	1000	10	100
2SK1512	850	10	150	IXGH15N100	1000	15	150
IRFP150	100	41	180	IXGH20N60	600	20	150
IRFP151	60	19	180	IXGH25N100	1000	25	200
IRFP240	200	31	150	GH30N60	600	30	180
IRFP250	200	31	180	GH30N100	1000	30	250
IRFP251	150	33	180	GH40N60	600	40	200
IRFP254	250	23	180	IXTH24N50	500	24	250
IRFP350	400	16	180	IXTH30N20	200	30	180
IRFP351	350	16	180	IXTH30N30	300	30	180
IRFP360	400	23	250	IXTH30N50	500	30	300
IRFP450	500	14	180	IXTH40N30	300	40	250
IRFP451	450	14	180	IXTH50N10	100	50	150
IRFP452	500	12	180	IXTH50N20	200	50	150
IRFP460	500	20	250	IXTH67N10	100	67	200
MTH8N50	500	8	120	IXTH75N10	100	75	200

参 考 文 献

[1] 苏生荣. 电子技能实训 [M]. 西安：西安电子科技大学出版社，2008.

[2] 陶宏伟. 家用电器维修技术基础 [M]. 北京：机械工业出版社，2003.

[3] 陈梓城. 电子技术实训 [M]. 北京：机械工业出版社，2006.

[4] 韩广兴. 电子元器件与实用电路基础 [M]. 北京：电子工业出版社，2002.

[5] 叶水春. 电工电子实训教程 [M]. 北京：清华大学出版社，2004.

[6] 范泽良，龙立钦. 电子产品装接工艺 [M]. 北京：清华大学出版社，2009.

[7] 杜仲一. SMT 表面组装技术 [M]. 北京：电子工业出版社，2009.

[8] 王永红. 电子产品安装与调试 [M]. 北京：中国电力出版社，2012.